FISCH. WAS SIE SCHON IMMER WISSEN WOLLTEN.

Eine Broschüre des Fisch-Informationszentrums.

Sie interessieren sich für

Fisch

Ein faszinierendes Thema! Wir möchten Sie einladen, gemeinsam mit uns in die „Tiefe“ zu gehen. Tauchen Sie ab in die Welt der Meeresbewohner, werfen Sie einen Blick hinter die Kulissen der Fischwirtschaft. Entdecken Sie Fisch als Lebenselixier und geistigen Muntermacher. Lassen Sie sich überzeugen, wie einfach es ist, etwas Raffiniertes, unvergleichlich Köstliches mit Fisch und Meeresfrüchten auf den Tisch zu zaubern.

Die Begeisterung für Fisch ist heute größer denn je. Der artenreiche Fang aus Meeren, Seen und Flüssen bietet eine kaum zu übertreffende Vielfalt an Genüssen und immer wieder kommen neue, interessante Produkte auf den Markt.

Fisch macht Appetit auf Meer!

Auch bei uns in Deutschland schwimmt Fisch auf der Erfolgswelle. Gleichzeitig steigt damit der Bedarf an „Wissen“ über das beliebte Naturprodukt.

Genau hier setzt unsere Arbeit an. Das Fisch-Informationszentrum, kurz FIZ genannt, ist eine Serviceeinrichtung der deutschen Fischwirtschaft. Wir haben es uns zur Aufgabe gemacht, die Öffentlichkeit aktuell, umfassend und sachlich über alle Fischthemen zu informieren. Dabei arbeiten wir mit zahlreichen Experten aus der Praxis zusammen und kooperieren mit Spezialisten aus Forschung und Wissenschaft.

Was Sie schon immer über Fisch wissen wollten – hier sollen Sie es erfahren! Und falls noch weitere Fragen auftauchen: Das FIZ steht Ihnen – auch im Internet unter www.fischinfo.de – jederzeit als Ansprechpartner zur Verfügung.

Die Themen:

Ein Fisch auf dem Fahrrad? – In vielen Ländern gehört Fisch zu den wichtigsten Grundnahrungsmitteln.

Fisch trends

Mögen Sie Fisch? Es gibt viele gute Gründe, sich an Neptuns reich gedeckter Tafel zu bedienen. Nicht umsonst gilt Fisch als Symbol für Fruchtbarkeit, Reinheit und Glück, als Labsal der Liebenden und willkommene Fastenspeise.

Fisch ist ein Naturprodukt und als leichte, gesunde Kost beliebter denn je.

Heute wissen wir, dass Seefisch zu den gesündesten Lebensmitteln überhaupt gehört, und zu den erklärten Lieblingen der kreativen Küche. Kaum ein anderes Produkt bietet eine derartig große Vielfalt an Geschmacksvarianten und Zubereitungsarten.

Frühgeschichtliche Funde von Fanggeräten und Angelhaken beweisen, dass schon unsere Vorfahren in der Steinzeit die wertvolle Beute aus Flüssen, Seen und Meeren zogen. Auch heute noch gehört Fisch mit einer Fangmenge von über 100 Millionen Tonnen pro Jahr zu den wichtigsten Nahrungsmitteln der Weltbevölkerung. Allein die Isländer verspeisen pro Nase rund 90 Kilogramm im Jahr, gefolgt von den Japanern mit 65 Kilogramm.

Auch in Deutschland geht der Trend nach oben!

Traditionelle Gewohnheiten und die geografische Lage der Länder sorgen für gewaltige Unterschiede im Fischverzehr. Zugegeben: Wir Deutschen gehören nicht gerade zu den Spitzenreitern. Selbst in Europa sind uns Länder wie Portugal, Spanien und Norwegen um Fischlängen voraus. Das heißt aber nicht, dass wir nicht wüssten, was gut ist.

Das hiesige Angebot an frischen und verarbeiteten Fischen und Spezialitäten zählt zu den umfangreichsten der Welt. Und der Trend geht eindeutig nach oben! Laut Marktforschung leben die meisten Fischfans in den Stadtstaaten Hamburg, Bremen und Berlin. Je weiter man nach Süden kommt, desto weniger Meerestiere verfangen sich in den Einkaufsnetzen.

Dabei ist Fisch heute – im Gegensatz zu früher – immer und überall verfügbar. Dank moderner Transportmittel und Kühlmöglichkeiten erreichen die frischen oder verarbeiteten Produkte selbst küstenferne Städte innerhalb von Stunden.

Gut so. Bleibt uns doch dadurch das tragische Schicksal des Hofkochs von Ludwig XIV. erspart. Der arme Monsieur Vital stürzte sich voller Verzweiflung in sein eigenes Schwert, weil die bestellten Fische für ein Galadiner nicht rechtzeitig eintrafen.

Die Bundesrepublik ist heute – nach Spanien, Frankreich, Italien und Großbritannien – der fünftgrößte Fischmarkt in der Europäischen Union. Trotzdem stammt nur etwa ein Sechstel der an heimischen Fischtheken feilgebotenen Ware aus eigenen Fängen.

Der weitaus größte Teil wird importiert. Und zwar aus allen Ländern der Welt, hauptsächlich jedoch aus Norwegen, Russland und Dänemark. Kein Wunder, denn diese Länder verfügen über längere Küsten und somit über größere Fanggebiete als Deutschland.

Kleine und große Fischfans gibt es auf der ganzen Welt.

Welcher Fisch ist Ihr Favorit?

Laut Statistik machen Seefische bei uns den größten Anteil des Fischkonsums aus; im Vordergrund stehen dabei die Fischarten Alaska-Seelachs, Hering und Thunfisch. Für welches Fischprodukt sich der Konsument letztlich entscheidet, hängt von unterschiedlichen Kriterien ab. So spielen neben den persönlichen Vorlieben auch die Lebensumstände, etwa die Haushaltsgröße oder das Alter der Haushaltsmitglieder, eine Rolle. Sogar regionale Aspekte beeinflussen die Verzehrgewohnheiten. Tiefkühlfisch, Konserven und Marinaden stehen weit oben auf der Einkaufsliste. Auch Frischfisch hat einen festen Platz auf dem Speiseplan. Bei den Süßwasserfischen genießen Lachs, Forelle und Karpfen die größten Sympathien. Krebs- und Weichtiere werden heute nicht mehr nur in Feinschmeckerkreisen serviert. Dies gilt auch für die Exoten unter den Meeresfischen: Immer häufiger trifft man „Urlaubsbekanntschaften" wie Dorade, Wolfsbarsch, Schwertfisch oder Red Snapper hinter hiesigen Ladentheken.

Wie gesagt: Wir Deutschen kommen auf den Geschmack. Nicht immer, aber

Die Deutschen lieben es herzhaft und haltbar: Fast ein Drittel der jährlich verzehrten Fische kommt aus Konserven oder Marinaden.

„Als Jean Minchelli mich um 2 Uhr nachts auf den Fischgroßmarkt von Rungis in Paris mitnahm und ich zum ersten Mal dieses überwältigende, weltweite Angebot an Fischen und Meerestieren ausgebreitet vor mir sah, beschloss ich, diese Wunder der Meere und Flüsse viel besser kennenzulernen. Man muss richtig lernen, sich in den Fisch ‚hineinzuessen', also ganz allmählich seine so köstlich unterschiedlichen Geschmacksnuancen zu erkennen."

Rotraud Degner, Journalistin und Kochbuch-Autorin

Sieht das nicht lecker aus? Kaum ein anderes Lebensmittel lässt sich so vielseitig zubereiten wie Fisch. Und tolle Rezepte gibt es wie Sand am Meer ...

immer öfter, lautet die Devise. Im letzten Jahr kamen bei uns über 1 Millionen Tonnen Fisch und Fischwaren auf den Tisch – also etwa 14 bis 15 Kilogramm pro Einwohner. Interessant ist, dass der Fischkonsum mit zunehmendem Alter der Verbraucher ansteigt. Auch Familien mit Kindern gönnen sich zu Hause regelmäßig etwas Gutes aus dem Meer. Singles und junge Leute unter 35 Jahren genießen Fischspezialitäten lieber außerhalb der eigenen vier Wände. Zum Beispiel als schnellen Snack zwischendurch oder auf vielerlei Art köstlich serviert im Spezialitätenrestaurant.

Kenner behaupten, es gäbe kein anderes Lebensmittel, das vielfältiger und genussreicher wäre als der Fisch. Argumente wie „zu kompliziert", „zu aufwändig" oder „zu teuer" lassen sie nicht gelten. Es muss ja nicht immer die extravagante Kreation eines Meisterkochs sein. Kulinarische Offenbarungen kann man auch einfacher und günstiger haben. Berufsfischer schwören ohnehin darauf, dass ein Seefisch am besten schmeckt, wenn er

> „Ach wüsstest du, wie's Fischlein ist
> So wohlig auf dem Grund,
> Du stiegst herunter, wie du bist,
> Und würdest erst gesund ..."

Johann Wolfgang von Goethe, deutscher Dichter, 1749–1832

Von der Hand in den Mund – Fisch-Snacks sind herrlich unkompliziert und liegen total im Trend.

ohne weitere Zutaten einfach im Meerwasser gegart wird.

Ziel einer guten Fischküche ist es, den Eigengeschmack der jeweiligen Art hervorzuheben und ihn nicht zu verfremden. „Es wird Natur durch keine Art gebessert", pflichtet selbst Goethe diesem Gedanken bei.

Seafood passt in unsere Zeit: Schnell, gesund und erlebnisreich.

Gerade die junge Küche setzt auf schnellen, gesunden Genuss mit Raffinesse. Fisch kommt praktisch schon küchenfertig aus dem Einkaufsnetz und hat keine langen Garzeiten – ist also wie gemacht für den neuen Trend. Das Besondere daran: Er bietet wirklich für jeden Genießertyp und jede Geschmacksrichtung die optimale Basis.

Total angesagt ist zum Beispiel „Mobil Food": Fisch zum Auf-die-Hand-nehmen, zwischen zwei knusprigen Brötchenhälften oder als „fish and chips" aus der heißen Tüte. Experimentierfreudige stürzen sich auf „Ethno Food", kleine, unwiderstehliche Leckerbissen mit Fisch, von japanischen Sushis bis zu spanischen Tapas. „Pop Food" bezeichnet hippe Häppchen mit amerikanischem Einschlag.

Aber auch Traditionalisten schwimmen auf der richtigen Welle. Gerichte nach Großmutters Art, wie gefüllte Seezungenfilets oder Karpfen Blau erleben gerade als „Memory Food" ihre Renaissance. Ganz zu schweigen von „Gourmet Food", einer Herausforderung für jeden Koch, der auf sich hält ...

Also nur keine Hemmungen! Mit Fisch kann man fast alles machen. Unter der Rubrik „Fischtipps" (ab Seite 36) zeigen wir Ihnen, wie leicht das geht!

Munter wie ein Fisch im Wasser.

Dieser Spruch kommt nicht von ungefähr. Beeindruckend ist, was die moderne Ernährungswissenschaft herausgefunden hat: Fisch ist nicht nur eines der gesündesten Nahrungsmittel überhaupt. Er wirkt auch nachweislich degenerativen Krankheiten entgegen, macht gute Laune und ist das wohl genüsslichste Fitnessprogramm für Körper und Geist!

Sie schwimmen auf der Trendwelle: Dorade Royal, Wolfsbarsch, Red Snapper, Dorade rose, Juwelenbarsch, Baramundi (von oben nach unten).

Fisch passt in unsere moderne Lebenswelt wie der berühmte Deckel auf den Topf. Leicht und bekömmlich, eiweißreich und fettarm soll unsere Kost sein, mit vielen wichtigen „inneren Werten“: Da ist zum Beispiel das kerngesunde Fischeiweiß mit seinem hohen Gehalt an essenziellen Aminosäuren. Es ist besonders leicht verdaulich und kann optimal von unserem Körper genutzt werden, um Muskeln oder Abwehrzellen aufzubauen. Tryptophan, Grundstoff für das „Glückshormon" Serotonin, sorgt außerdem für Power und Lebenslust. Als wahre Wundermittel bezeichnen Mediziner die mehrfach ungesättigten Omega-3-Fettsäuren, die in dieser Konzentration nur in Fisch und Meeresfrüchten vorkommen. Erstens halten sie Herz und Kreislauf in Schwung, denn sie senken die Blutfettwerte. Zweitens sorgen sie für Konzentrationsfähigkeit und geistige Fitness.

Der englische Ernährungswissenschaftler und Gehirnforscher M. A. Crawford behauptet sogar, erst die Entdeckung von Fisch als Hauptnahrungsmittel habe die sprunghafte Entwicklung des menschlichen Gehirns vor zwei Millionen Jahren ausgelöst und damit die Entstehung des Homo sapiens eingeleitet. Und drittens bestätigen jüngste Forschungsergebnisse die schmerzlindernde und heilende Wirkung von Omega-3-Fettsäuren bei Rheumabeschwerden. Eskimos ernähren sich sehr fettreich, müssten also mit einem hohen Herzinfarktrisiko rechnen. Das Gegenteil ist der Fall: Die Infarktrate bei Eskimos ist so niedrig wie sonst nirgendwo auf der Welt. Ernährungswissenschaftler führen das auf den reichlichen Verzehr von Fisch mit seinem hohen Anteil an Omega-3-Fettsäuren zurück. US-Studien belegen: Schon eine Fischmahlzeit pro Woche halbiert das Risiko eines plötzlichen Herzinfarkts!

Weiter geht es mit den Superlativen:

Wussten Sie zum Beispiel, dass Fisch wie kein anderes Nahrungsmittel eine Fülle an Vitaminen, Mineralstoffen und Spurenelementen zu bieten hat? Sie sind lebensnotwendig für viele Körperfunktionen, auch im Wachstumsalter. Das reicht von der Hormonsteuerung über den Knochenaufbau bis zur Gesunderhaltung der Zähne. Seefisch ist in unserer Kost übrigens die bedeutendste natürliche Quelle für Vitamin D und wichtigster Lieferant für den Mineralstoff Jod, der für eine gesunde Schilddrüsenfunktion unverzichtbar ist.

„Nahrung soll auch Heilmittel, Heilmittel auch Nahrung sein.“

Hippokrates, griechischer Arzt, 460–377 vor Christus

Die Küstenfischerei ist heute durch zahlreiche seerechtliche Bestimmungen geregelt. Auch Paul Walter muss sich daran halten.

Fischfang

„Als ich meinen ersten Fisch an Bord zog, war ich gerade vier Jahre alt“, erinnert sich Nordsee-Kutterfischer Paul Walter. Mit seinem Vater fuhr er damals vom Lister Hafen auf's Meer hinaus. Bis zu zehn Zentner Schollen hatten sie pro Tag im Hol, ganz zu schweigen von Seezunge und Makrele, dazu körbeweise Nordseekrabben. Dass Walter später einmal selbst die Netze auswerfen würde, da gab es nicht den geringsten Zweifel:

„Es ist einfach herrlich, wenn du mit dem Kutter in die aufgehende Sonne fährst, über dir die schreienden Möwen, unter dir das schäumende, lebendige Wasser … und wenn du dann einen guten Fang machst, das Gefühl ist einfach unübertroffen!“

Das große Geschäft ist mit der Küstenfischerei heute kaum noch zu machen. Kein Wunder, dass es auf der Insel Sylt nur noch wenige Vollerwerbsfischer gibt. „Nach zwölf Stunden auf See hat man vielleicht 50 bis 60 Pfund Nordseekrabben im Korb. Dann wird der Fang gelöscht, der Fischraum geschrubbt, frisches Eis muss auf den Kutter … da kommen pro Woche gut und gerne 100 Arbeitsstunden zusammen.“ Schrumpfende Fischbestände haben außerdem zu verschärften Auflagen geführt.

„Früher waren wir nur von Wind, Wetter und un-

Nordsee-Kutterfischer ist kein romantischer Beruf, sondern harte Arbeit, die ein hohes Maß an Verantwortung voraussetzt.

serem Fangglück abhängig. Heute gibt es fast mehr Aufsichtsbehörden als Fischer“, schmunzelt Walter, „aber Recht haben die schon. Lieber etwas weniger fangen und dafür das ökologische Gleichgewicht bewahren. Schließlich hängt vom Schutz der Meere und ihrer Bewohner auch unsere berufliche Zukunft ab.“

Alles Leben stammt aus dem Meer. Wir selbst sind Geschöpfe des Wassers, tragen das salzige Element als Hauptbestandteil unseres Körpers in Milliarden Zellen. Und wir sind von Wasser umgeben. Über 70 Prozent des blauen Planeten sind von Ozeanen bedeckt. Nur ein Bruchteil der verbleibenden trockenen Erde besteht aus fruchtbarem Boden und kann zur landwirtschaftlichen Produktion von Lebensmitteln genutzt werden. Das erklärt den Stellenwert, den das Meer als Lieferant eiweißreicher Fische, Krebs- und Weichtiere oder essbarer Algen für die Ernährung der wachsenden Weltbevölkerung einnimmt.

Mit dem Schleppnetz, das von dem Trawler durch das Wasser gezogen wird, werden heute die meisten Speisefischarten gefangen.

Die Fischerei gehört zu den ältesten Erwerbszweigen der Menschheit. Abgesehen von der Aquakultur wachsen Fische bis heute „wild“ heran, müssen also wie früher in der freien Natur aufgespürt und gefangen werden. Die grundsätzlichen Fangmethoden – mit Angeln, Reusen und Netzen – haben sich zwar kaum geändert, wohl aber Effizienz und technische Möglichkeiten.

Moderne Fischereiflotten verfügen heute über Reichweiten von mehreren tausend Kilometern und sie können zum Beispiel Schwarmfische über große Distanzen hydroakustisch orten.

Innerhalb von 100 Jahren haben sich die Fischerträge auf das Zwölffache gesteigert!

Rund 100 Millionen Tonnen Fisch werden derzeit pro Jahr gefangen. Der weitaus größte Teil stammt aus dem Meer, nur knapp ein Drittel aus der Binnenfischerei und der Aquakultur. Die größten Fischereinationen liegen rund um den Pazifik – China mit seinem hohen Aquakultur-Anteil trägt allein 33 Prozent der Weltproduktion. Innerhalb Europas sind es vor allem Norwegen, Dänemark, Spanien und Großbritannien.

Früher, als die „Freiheit der Meere“ noch unbegrenzt war und jede Nation ohne Beschränkungen rund um den Globus fischen durfte, verfügte auch Deutschland über eine der größten und leistungsfähigsten Hochseefangflotten der Welt.

In den 70er Jahren des 20. Jahrhunderts trat dann die neue Seerechtskonvention der Vereinten Nationen in

„Alles ist aus dem Wasser entsprungen! Alles wird durch das Wasser erhalten! Ozean, gönn uns dein ewiges Walten.“

Johann Wolfgang von Goethe, deutscher Dichter, 1749–1832

Die Fanggebiete der wichtigsten Speisefische weltweit:

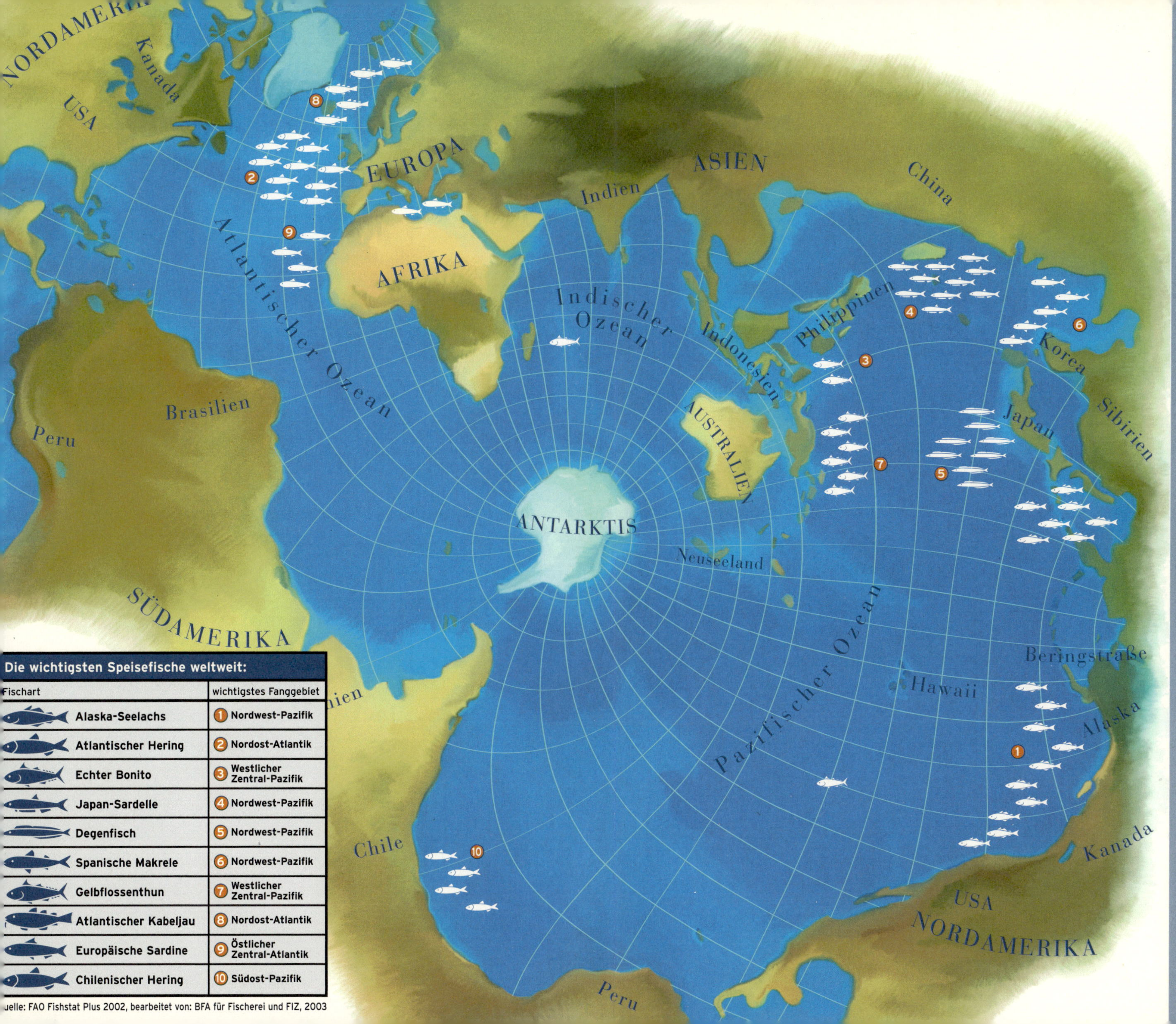

Die wichtigsten Speisefische weltweit:

Fischart	wichtigstes Fanggebiet
Alaska-Seelachs	1 Nordwest-Pazifik
Atlantischer Hering	2 Nordost-Atlantik
Echter Bonito	3 Westlicher Zentral-Pazifik
Japan-Sardelle	4 Nordwest-Pazifik
Degenfisch	5 Nordwest-Pazifik
Spanische Makrele	6 Nordwest-Pazifik
Gelbflossenthun	7 Westlicher Zentral-Pazifik
Atlantischer Kabeljau	8 Nordost-Atlantik
Europäische Sardine	9 Östlicher Zentral-Atlantik
Chilenischer Hering	10 Südost-Pazifik

uelle: FAO Fishstat Plus 2002, bearbeitet von: BFA für Fischerei und FIZ, 2003

Fischfang: Hochseefischerei

„Gibst du einem Menschen einen Fisch, so wird er einen Tag zu essen haben; gibst du ihm einen Korb voll, so wird er eine Woche satt sein. Lehrst du ihn aber das Fischen, dann wird er nie mehr hungrig sein.“

Altes chinesisches Sprichwort

Ein Bremerhavener Fischhändler begründete die deutsche Hochseefischerei.

Es war der 7. Februar 1886. Unter dem Jubel der staunenden Menge lief die „Sagitta“ von Bremerhaven in die Nordsee aus – der erste Fischdampfer Deutschlands. Ein mutiges Projekt, mit dem der Kaufmann Friedrich Busse die moderne Hochseefischerei in Fahrt brachte. Schnell erkannten vorausschauende Reeder, Kaufleute, aber auch der Staat, welche Chancen eine eigene Hochseeflotte bieten würde.

Bereits 1913 fuhren 254 seetüchtige Dampfschiffe unter deutscher Flagge. Mit zunehmender Größe und Reichweite konnte immer mehr Fisch gefangen und zum Hafen gebracht werden. In Bremerhaven, Cuxhaven, Hamburg, Kiel, Rostock und Sassnitz wurden Fischereihäfen mit Auktions-, Verarbeitungs- und Großhandelsbetrieben gegründet. Ein neuer Wirtschaftszweig entstand...

Die deutsche Fischfangflotte besteht zum größten Teil aus Küstenkuttern, die in der Nord- und Ostsee ihre Netze auswerfen.

Jeder kennt das romantische Bild der von Möwen umkreisten Kutter, die nach hartem Einsatz mit ihren eingeholten Fangnetzen in die Heimathäfen zurückkehren. Sie haben beliebte Speisefische wie Steinbutt, Scholle, Dorsch/Kabeljau, Schellfisch, Wittling/Merlan, Sprotte und Hering an Bord, aber auch Muscheln und Nordseekrabben.

Zum Fang werden vor allen Dingen Schleppnetze eingesetzt. Daneben gibt es noch die am Meeresgrund verankerten Stellnetze, mit denen etwa Wildlachse gefangen werden. Oder die mit Angelhaken bestückten Langleinen für räuberische Fischarten wie den Thunfisch. „Baum-

Die „Atlantic Peace“ auf Ausreise. Sie gehört zu den insgesamt 12 modernen Fang- und Verarbeitungsschiffen der deutschen Fischfangflotte. In den kleinen Häfen bestimmen nach wie vor die bunten Küstenkutter das Bild.

Kraft. Sie sorgte dafür, dass jedes Land vor seiner Küste ein exklusives Nutzungsrecht der Fischgründe erhielt. Die Fernfischerei verlor damit ergiebige Fanggebiete vor den Küsten anderer Staaten. Auch wir waren von dieser Regelung stark betroffen. Zumal die eigene kurze Küste längst nicht ausreichte, um den Bedarf im Inland zu decken. Seit 1983 haben wir durch die gemeinsame Fischereipolitik der EU wieder Zugang zu den europäischen Meeresgebieten.

Deutschland spielt heute nur noch eine untergeordnete Rolle im Fischfang. Als Importeur und Verarbeiter von Fisch belegen wir aber innerhalb der Europäischen Union einen der ersten Plätze!

Ein besonderes Anliegen der deutschen Fischwirtschaft ist der verantwortungsbewusste Umgang mit den Fischbeständen (siehe Kapitel „Fischzukunft“). Sie unterstützt daher nachdrücklich die Prinzipien der bestandserhaltenden Fischerei. Denn die Sicherung der Fischbestände weltweit und in den Gewässern der EU-Mitgliedstaaten ist die Voraussetzung für die Lebensfähigkeit des gesamten Fischereisektors.

In Schwärmen durchqueren Fische wie der Kabeljau die Ozeane. Um ihre Bestände zu sichern, müssen wir uns heute konsequent für eine nachhaltige, verantwortungsbewusste Fischerei einsetzen.

kurren" setzt man zum Plattfischfang ein und speziell ausgestattete Stahlrahmen für die Ernte von Miesmuscheln.

Während solche Küstenkutter nur Tagesreisen unternehmen, gehen die hochtechnisierten Fang- und Verarbeitungsschiffe der Hochseefischerei oft wochen- und monatelang auf große Fahrt. Deutsche Fischreviere liegen zum Beispiel vor Norwegen, westlich von Großbritannien, um Grönland, nördlich der Azoren sowie in der Irminger See und der Barents-See.

Die Reisedauer spielt keine Rolle. Denn die Fang- und Verarbeitungsschiffe sind in der Lage, ihre leicht verderbliche Fracht ohne Zeit- und Qualitätsverluste gleich an Bord zu verarbeiten und tiefzufrieren. Was eben noch im Schleppnetz zappelte, wird – maschinell ausgenommen und filetiert – auf dem schnellsten Wege schockgefrostet. Die Fischreste werden zu Fischmehl und Fischöl verarbeitet.

Im Vergleich zur Hochseefischerei spielt die Binnenfischerei in Deutschland nur eine untergeordnete Rolle.

Die Bedeutung der Fischzucht nimmt weltweit zu. Ob als Marikultur in Meeresgehegen, als Austernfarm oder Teichwirtschaft.

Von den bekannten 25.000 Fischarten werden etwa 1.000 Arten für den Fischfang genutzt. Und nur etwa 13 Arten liefern Erträge über eine Millionen Tonnen pro Jahr.

„In den kommenden zwölf Jahren könnte die Aquakultur etwa 40 Prozent der Eiweißnahrung liefern und rund die Hälfte der gesamten Fischfangmenge ausmachen."

Prognose der „Consulting Group on International Agriculture Research"

Bereits zu Beginn des 20. Jahrhunderts zeichnete sich ein starker Rückgang der Berufsfischerei an den Seen und insbesondere den Flüssen ab, der sich bis heute fortsetzt. Das liegt unter anderem an der Umgestaltung vieler Fließgewässer zu Schifffahrtswegen oder Stauhaltungen für die Energiegewinnung.

Aber auch ökologische Gründe und die Nutzung der Binnengewässer für den modernen Freizeitsport machen eine kommerzielle Nutzung vielfach unrentabel. So beschränkt sich die Seen- und Flussfischerei heute schwerpunktmäßig auf den Osten und Süden Deutschlands. Übrigens: Der Bodensee liefert als Einzelgewässer die meisten Fische aus freier Natur.

Mehr als 200 Fischarten werden inzwischen kultiviert.

Es gibt noch eine andere Art der Fischgewinnung: Die gezielte Zucht und Haltung unter kontrollierten Bedingungen.

Bei Süßwasserfischen und Krebstieren, die in Teichen oder künstlich angelegten Becken bis zur Schlachtreife aufgezogen werden, spricht man von Aquakultur. Die salzige Variante für Meerestiere nennt sich auch Marikultur.

In China ist dieser Wirtschaftszweig schon seit gut zweitausend Jahren bekannt. Der ehrenwerte chinesische Geschäftsmann Fan Li machte mit der Aufzucht von Karpfen ein großes Vermögen und brachte bereits 475 vor Christus das erste „Lehrbuch der Aquakultur" heraus.

Bei uns in Deutschland und Europa gelten die Mönche des Mittelalters als Wegbereiter der modernen Teichwirtschaft. Frischer Fisch war auch damals eine besondere Delikatesse. Wegen der leichten Verderblichkeit hatten aber meist nur Anwohner von Gewässern das Vergnügen. Die pfiffigen Klosterbrüder kamen auf die Idee, eigene Anlagen für die Haltung von Karpfen zu bauen und sicherten sich so ihre liebste Fastenspeise.

Auch Forellen, Hechte, Barsche, Zander, sogar Störe wachsen in heimischen Seen und Teichen auf.

Bei der Marikultur hält man Salzwasserfische, Krebs- und Weichtiere in ihrer natürlichen Umgebung – und zwar in abgetrennten Arealen direkt im Meer oder in Seen und Flüssen mit Meeresanbindung. Den Großteil der Marikultur bestreiten in Deutschland die Miesmuscheln. Sie werden in Küstennähe ausgelegt, in Netzsäcken gehalten oder an Pfählen und Seilen angesiedelt. Dort können sie ungestört wachsen und später bequem geerntet werden.

Die ersten, die Austern vor ihren Küsten kultivierten, waren wohl die Japaner um 1000 vor Christus. Auch im Mittelmeerraum und in unseren Regionen schlürfen Genießer seit Jahrtausenden die salzige Meeresfrucht aus eigenen Kulturen. „Das Beste, was die Nordseeküste zu bieten hat“, schwärmte schon der reisende Römer und Schriftsteller Plinius (61–113 nach Christus). Heute werden die vor der Insel Sylt gezüchteten Weichtiere als besondere Delikatesse unter dem Namen „Sylter Royale“ in alle Welt verschickt.

Lachse, Steinbutt, Wolfsbarsch und Doraden verbringen ihr wohlbehütetes Leben in speziellen Netzgehegen, die in geschützten Buchten und Fjorden verankert sind. Für die Aufzucht von Krebsen und Garnelen bevorzugt man Brackwassergebiete. Immer mehr Garnelen werden zum Beispiel in Südostasien und Lateinamerika gezüchtet. Mehr als 200 Fischarten werden inzwischen kultiviert.

Allein China bringt sechs Millionen Tonnen Karpfen pro Jahr auf den Markt. Die amerikanischen Südstaaten haben sich auf Amerikanischen Wels spezialisiert. Spanien und Frankreich sind bekannt für ihre Miesmuschel- und Austernparks, während sich die muntere Forelle in Tausenden von deutschen Teichen tummelt. Der Klassiker der Aquakultur ist der Lachs. Zu den Spitzenreitern zählen Norwegen und Chile, die jeweils mehr als 300.000 Tonnen jährlich vermarkten.

Die geschützten Fjorde Norwegens bieten ideale Voraussetzungen für eine erfolgreiche Lachszucht. Als besonders effektiv hat sich die Haltung in schwimmenden Netzgehegen erwiesen. Bereits nach 18 Monaten sind die Lachse schlachtreif und können durch Anheben des Netzbodens mühelos geerntet werden.

Eine Chance für künftige Generationen?

Fisch und Meeresfrüchte sind eine hochwertige, schmackhafte Eiweißquelle und für unsere Ernährung von größter Bedeutung. Aber die Weltbevölkerung wächst und wächst … und schon heute haben die Fangerträge aus natürlichen Ressourcen ihren Höhepunkt erreicht.

Wie soll man den zusätzlichen Bedarf in Zukunft decken? Die gezielte Fischzucht bietet hier reale Chancen. Sie ist eine wichtige Ergänzung, auf die wir nicht verzichten können. Größter Wert sollte auf eine weitgehend artgerechte und ökologisch verträgliche Haltung der Zuchttiere gelegt werden.

Bereits zum jetzigen Zeitpunkt stellen Aqua- und Marikultur ein Viertel der weltweiten Fischproduktion. Und der Anteil steigt von Jahr zu Jahr. Durch gezielte Zucht bleibt „Fisch für alle“ eine Selbstverständlichkeit in kontrollierter Qualität.

Der Meeresbiologe Direktor und Prof. Dr. Gerd Hubold ist überzeugt davon, dass die Reform der EU-Fischereipolitik neue Chancen bietet.

Fisch zukunft

Immer wieder liest man von bedrohten Fischarten. Kann man überhaupt noch mit gutem Gewissen zum Fischbesteck greifen? Zu diesem aktuellen Thema befragten wir Direktor und Prof. Dr. Gerd Hubold, den Leiter der Bundesforschungsanstalt für Fischerei in Hamburg. „Grundsätzlich möchte ich hier mit einem klaren 'Ja' antworten", so der Meeresbiologe, „für den Verbraucher ist es natürlich sehr schwer zu beurteilen, welche Bestände tatsächlich durch biologische Faktoren oder Überfischung gefährdet sind.

Viele Katastrophenmeldungen haben einen weniger dramatischen Hintergrund. So kann dieselbe Fischart in einem Fanggebiet stark dezimiert sein, in einem anderen aber als Massenfisch vorkommen.

Der Kabeljau zum Beispiel ist in der Nordsee derzeit rar, während es dem Fisch in der Norwegischen See vergleichsweise gut geht. Eine heute noch rückgängige Art kann schon im nächsten Jahr wieder viel besser dastehen, wie wir es gerade beim Nordseehering erleben. Das ist von vielen Faktoren abhängig. Hier muss sich der Konsument einfach auf Politik und Fischereimanagement verlassen dürfen und darauf, dass die Fische, die angeboten werden, auch vernünftig bewirtschaftet worden sind."

Mit einem generellen Kaufboykott sei niemandem geholfen, erklärt der Wissenschaftler. Die Europäische Fischereipolitik setzt sich mit einem umfangreichen Maßnahmenkatalog, Fangquoten und Nutzungsrechten für den Erhalt der marinen Fischbestände ein. Als wissen-

Direktor und Prof. Dr. Gerd Hubold referiert in der Bundesforschungsanstalt über die jüngste Entwicklung der Fischbestände.

„Der Erhalt der Fischbestände wird auf See entschieden, durch das individuelle Handeln jedes einzelnen Fischers. Nur wenn die Fischer selbst diese Verantwortung akzeptieren und übernehmen, können langfristig die Meere nachhaltig bewirtschaftet werden."

Direktor und Prof. Dr. Gerd Hubold, Leiter der Bundesforschungsanstalt für Fischerei in Hamburg

schaftliche Grundlage und Entscheidungshilfe dienen ihr dabei die Forschungsresultate der Bundesforschungsanstalt für Fischerei. „Unser Ziel ist es, die natürlichen Ressourcen zu bewahren und dadurch eine dauerhafte Nutzung durch die Fischerei zu ermöglichen", sagt Hubold.

Insgesamt sieht Hubold positive Tendenzen: „Mit der jetzt anstehenden Reform der gemeinsamen Fischereipolitik in Europa und einer gut ausgebauten internationalen Forschungskapazität werden wir über wirksame Werkzeuge für die Durchsetzung einer bestandserhaltenden Fischerei verfügen.

Kurzfristige nationale Interessen können dann nicht mehr verhindern, dass langfristige Ziele realisiert werden. Die Fischerei muss den Fischen angepasst werden – nicht umgekehrt."

„Sie kommen! Sie kommen!"

Wenn dieser Ruf ertönt, ist auf den Lofoten Feiertag. Jedes Jahr im Januar feiern die Fischer die Ankunft des Kabeljau, den man hier „Skrei" nennt, den Wanderer. Auf seinem langen Weg von der eisigen Barents-See in den warmen Golfstrom passiert er die Inselgruppe im südlichen Eismeer und sichert den Menschen so seit Jahrtausenden ihr Auskommen und Überleben.

Im Hafen warten bereits die Kutter auf den Startschuss zur Eröffnung der Fangsaison. Erst dann dürfen die Fischer loslegen – aber bei aller Begeisterung wird streng darauf geachtet, dass nur die Menge gefangen wird, die vorher festgelegt wurde. Damit man

Direkt nach dem Fang beginnt die Arbeit des Meeresbiologen.

sicher sein kann, dass auch in Zukunft noch genug Kabeljau vorhanden ist.

Die Fischer auf den Lofoten haben aus eigener Erfahrung gelernt, sorgsam mit den Schätzen des Meeres umzugehen. Lange hatten sie die Warnungen der Wissenschaftler überhört und die Bestände ohne Rücksicht ausgebeutet.

Dramatische Folgen hatte ein derartiger Raubbau auch für Neufundland. Anfang der 90er Jahre des 20. Jahrhunderts waren die dortigen Kabeljaugründe, die reichsten der Welt, restlos erschöpft. Jeder Dritte verlor damals seinen Arbeitsplatz. Bis heute haben sich die Bestände nicht vollständig erholt.

Dabei schwärmte noch 1873 der Schriftsteller Alexandre Dumas: „Wenn aus allen Eiern ungehindert Jungfische schlüpfen und heranwachsen würden bräuchte es nur drei Jahre, um das Meer so anzufüllen, dass man auf dem Rücken von Kabeljauen trockenen Fußes über den Atlantik wandern könnte."

Deutschlands größtes Fischereiforschungsschiff, die „Walther Herwig III", erfasst unter anderem die Biomasse der Fischbestände und deren Altersstruktur. Aufgrund dieser Angaben werden die Fangquoten festgelegt. Messen, wiegen, Daten sammeln, die tägliche Arbeit an Bord. Das Planktonfanggerät fängt Larven und Fischeier für wissenschaftliche Untersuchungen ein.

Die Überfischung vieler Bestände ist ein weltweites Problem. Nach Angaben der Welternährungsorganisation FAO sind Anfang des 21. Jahrhunderts fast die Hälfte der bewirtschafteten Fischbestände bis zur Grenze ihrer Belastbarkeit genutzt, rund sechzehn Prozent sind überfischt und sechs Prozent erschöpft.

Auch in Europas Küstengewässern geht die Population an wertvollen Nutzfischen wie Kabeljau/Dorsch und Seehecht zurück. Hier musste dringend gehandelt werden.

Der Reichtum der Meere ist nicht unbegrenzt.

Das haben inzwischen alle erkannt und einen radikalen Kurswechsel in der Fischereipolitik eingeleitet. War es früher ein Hauptanliegen, durch Verbesserung der Fahrzeuge und Ausrüstungen die Fangmengen zu erhöhen, geht es heute um den dauerhaften Erhalt der Fischbestände.

Dazu tragen nationale und internationale Abkommen bei. So gibt es zum Beispiel genau festgelegte Fangzonen und -zeiten. Basierend auf wissenschaftlichen Daten werden Quoten für Fische vergeben, die regeln, welche maximalen Fangmengen in welcher Meeresregion toleriert werden können.

Auch die Größe und Maschenweite der Netze, die Mindestgrößen der Fische und die Höchstanteile des Beifangs sind vorgeschrieben und werden streng kontrolliert.

Wichtige Impulse gab die UNO mit ihren internationalen Seerechtskonventionen. 1992 hat sie eine weltweite Resolution zur Ächtung der für Delfine und Wale verhängnisvollen Treibnetzfischerei erlassen. Nahezu alle großen Fischereinationen haben sich dieser Forderung auf freiwilliger Basis angeschlossen.

Die FAO setzte neue Maßstäbe mit ihrem 1995 verabschiedeten Verhaltenskodex, dem „Code of Conduct for Responsible Fisheries“. Er enthält über zweihundert Grundsätze für eine nachhaltige, verantwortungsvolle Fischwirtschaft, einschließlich Fischzucht und Fischhandel. Darin geht es unter anderem um eine umweltschonende Nutzung der Meeres-Ressourcen, den Einsatz ökologisch vertretbarer Fang- und Zuchtmethoden sowie die Sicherung der gesundheitlichen Unbedenklichkeit. Alle Staaten sind dazu aufgerufen, an der Erfüllung dieses Kodex mitzuwirken. Ein Anliegen, dem sich die Europäische Fischereipolitik in besonderer Weise verpflichtet fühlt.

Die Fischwelt muss bestandserhaltend gemanagt werden.

Zum internationalen Schutz der Meere und ihrer Bewohner sind bereits eine Vielzahl komplexer Fischerei-Management-Programme entwickelt worden. Kernpunkt dieser umfangreichen Reformpakete ist die bestandserhaltende Fischerei. Sie soll die Voraussetzungen dafür schaffen, dass jede Fischart für genügend Nachwuchs sorgen kann, um die Bestände wieder aufzufüllen und zu erhalten. Die EU fordert in diesem Zusammenhang langfristige Konzepte und mehrjährige Bewirtschaftungspläne. Unter anderem tritt sie für eine drastische Fangreduzierung ein, den Abbau der in einigen Ländern inzwischen viel zu großen Fischereiflotten aber auch für bessere Kontrollen und härtere Strafen bei Verstößen. Eine gemeinsame EU-Fischereiaufsicht mit modernen Satellitenüberwachungssystemen soll länderübergreifend dafür sorgen, dass die Abkommen eingehalten und illegale „Raubzüge“ ausgeschlossen werden.

Ein wichtiges Anliegen der bestandserhaltenden Fischerei ist die Reduzierung des Beifangs. Unter Beifang versteht man zu kleine, geschützte oder kommerziell nicht nutzbare Meerestiere, die sich zusammen mit den Konsumfischen im Netz verfangen. Allein in europäischen Gewässern macht dieser Anteil fast ein Viertel der Gesamtfangmenge aus. Er wird entweder zu Fischmehl verarbeitet oder wieder ins Wasser zurückgeworfen. Wertvoller Fischnachwuchs und für das Ökosystem lebenswichtige Organismen werden so sinnlos verschwendet.

Natürlich wird hier intensiv nach Lösungen gesucht. Technische Ansätze bieten zum Beispiel Selektionsfenster am Netzende oder Sortiergitter, durch die zu kleine Fische entkommen können. Denkbar wäre auch eine Regelung nach norwegischem Vorbild: Dort darf der Beifang nicht mehr über Bord gehen, sondern wird im Heimathafen registriert und gegebenenfalls auf die Fangquote angerechnet, bevor er in die Verarbeitung geht. In Alaska werden Fischer, die nachweislich weniger Beifang an Deck hieven, sogar in Form einer höheren Fangquote „belohnt“.

Umweltaktivisten fordern Schutzgebiete für Seefische.

In der Karibik hat man damit bereits erstaunliche Resultate erzielt: Nicht nur in den fangfreien Schutzzonen selbst ver-

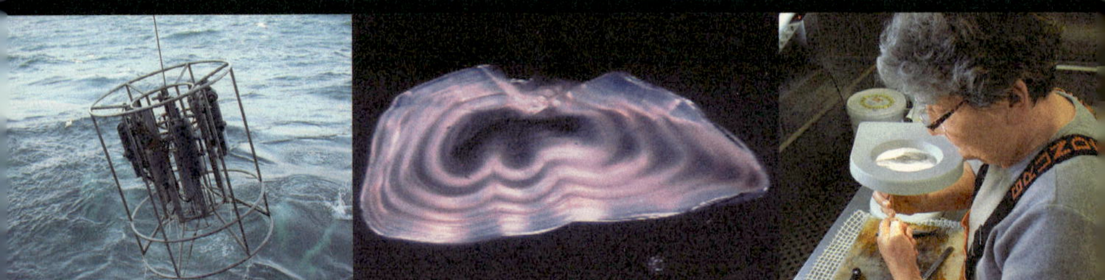

Mit dem Wasserkranzschöpfer werden Wasserproben zur Feststellung von Qualität, Temperatur und Sauerstoffgehalt entnommen. Mikroskopischer Querschnitt durch einen Otolithen (Gehörstein der Fische). Die kreisrunden Linien zeigen die Jahresringe, hier einer etwa 6-jährigen Makrele. Präparieren eines Otolithen im Labo

vierfachten sich die Bestände innerhalb weniger Jahre, auch ringsum verdreifachte sich die Fischanzahl!

Künftig nur noch Fisch aus „glücklichen" Beständen?

Deutschland geht mit gutem Beispiel voran. In einer bisher einzigartigen Initiative verabschiedete der Bundesmarktverband der Fischwirtschaft 1996 ein Programm, das sich direkt an den Fischhandel und die Fischindustrie wendet: Sie sollen ihre Lieferanten vertraglich dazu verpflichten, keine vom Aussterben bedrohten Fischarten, Krebs- und Weichtiere anzubieten. Die gelieferte Ware darf nur aus kontrollierten Seegebieten und Fängen stammen, bei denen alle gesetzlichen Bestimmungen eingehalten worden sind.

Außerdem beinhaltet die Initiative eine intensive Verbraucherinformation über Fanggebiete und Fangmethoden. Langfristig sollen alle in Deutschland bezogenen Fischrohwaren entsprechend diesen Grundsätzen eingekauft werden.

Zusätzlich hat sich der deutsche Fischfachhandel im Jahr 2002 gegen den Handel mit „Babyfischen" ausgesprochen. Es wurde beschlossen, nur noch Fische zu vermarkten, die mindestens einmal gelaicht und so zum Fortbestand der Art beigetragen haben.

Ähnliche Ziele verfolgt der weltweit größte Nahrungsmittelkonzern Unilever. Gemeinsam mit dem WWF (World Wide Fund for Nature) gründete er 1996 „The Marine Stewardship Council" (MSC) – den Rat zur Bewahrung der Meere. Das inzwischen unabhängige Gremium vergibt unter strengen Auflagen ein Zertifikat für bestandserhaltenden Fischfang.

Um diese Auszeichnung zu erhalten, müssen Fischer und Betriebe folgende Voraussetzungen erfüllen: Es dürfen nur Fische aus biologisch sicheren Beständen gefangen werden. Dabei muss nach den Prinzipien der Nachhaltigkeit verfahren werden – und zwar unter Berücksich-

„Zu viele Schiffe jagen zu wenig Fisch."

Simon Cripps, WWF (World Wide Fund for Nature)

„Jedem in der Fischwirtschaft ist heute klar, dass der Raubbau an den Meeren ein Ende haben muss."

Matthias Keller, Bundesmarktverband der Fischwirtschaft e.V.

„Die Förderung der Aquakultur darf nicht auf Kosten von Umwelt, Lebensmittelsicherheit oder Qualität gehen."

Franz Fischler, EU-Kommissar für Landwirtschaft, Entwicklung des ländlichen Raums und Fischerei

tigung des gesamten Ökosystems. Hinzu kommt ein effektives Quoten-Kontrollsystem. Lokale, nationale und internationale Vorgaben sind unbedingt einzuhalten.

Ab dem Jahre 2005, so kündigt der Unilever-Konzern an, werde er seine Fischrohwaren ausschließlich aus bestandserhaltenen Fischereien beziehen. Jetzt lassen sich immer mehr Fischereien nach den strengen MSC-Vorgaben zertifizieren, um sich die Basis für künftige Fischgeschäfte zu sichern.

Aquakultur? Ja, aber unter kontrollierten Bedingungen!

Die Fischproduktion durch Aqua- und Marikultur ist ein Wirtschaftszweig mit zunehmender Bedeutung. Sie leistet nicht nur einen wertvollen Beitrag zur Versorgung der Bevölkerung, sondern auch zur Schaffung dringend benötigter Arbeitsplätze in fischereiabhängigen Regionen. Problematisch wird es nur dann, wenn die Betriebe ohne Rücksicht auf Mensch und Natur arbeiten.

Die Fischzucht in der EU besteht hauptsächlich aus Forellen, Lachsen und Goldbrassen sowie Muscheln und Austern. 2002 hat die EU-Kommission eine neue Strategie für die nachhaltige Entwicklung der Aquakultur erarbeitet. Ziel ist die Schaffung langfristig sicherer Arbeitsplätze durch eine gesunde, umweltverträgliche Aqua- und Marikultur.

Schon jetzt besteht ein umfangreiches Regelwerk, das durch die Reformvorschläge weiter optimiert werden soll. Sie beinhalten zum Beispiel eine noch schärfere Kontrolle und Überwachung des Tierfutters und der Tiergesundheit, die Verbesserung der Haltungsbedingungen, eine Reduzierung der Gewässerbelastung und – ganz wichtig – eine intensive Erforschung und Förderung sauberer Fischzuchttechniken.

Die Größe und Entwicklung frei lebender Fischbestände ist von vielen Faktoren abhängig.

Oft entwickeln sie sich anders, als die Forschungsergebnisse vorhersagen. Es kommt vor, dass die Fangquoten wegen eines zu kleinen Fischbestandes reduziert werden, der Bestand aber durch eine unerwartet gute Nachwuchsproduktion schon im Folgejahr stark anwächst. Das Wohl und Wehe der Meeresbewohner hängt also nicht allein vom Menschen ab. Hier spielen natürliche Rahmenbedingungen wie Nahrungsangebot, natürliche Feinde (Raubfische und Meeressäuger), Temperatur des Wassers und Meeresströmungen eine wichtige Rolle.

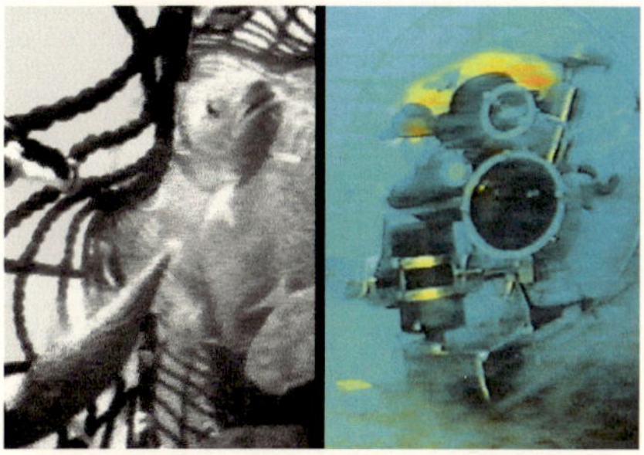

Weite Maschen im Fangnetz stellen sicher, dass Babyfische entweichen können. Die Unterwasserkamera erlaubt neue Einblicke in Neptuns Reich.

Auch die Verschmutzung der Gewässer übt einen Einfluss auf den gesundheitlichen Zustand und die Gesamtentwicklung der Populationen aus. Fische nehmen Schadstoffe mit ihrer Beute aber auch direkt aus dem Wasser über die Kiemen und die Haut auf. Der Grad der Anreicherungen richtet sich nach der Fischart, ihrem Stand in der Nahrungskette, ihrem Fettgehalt und Alter, dem biologischen Reifezyklus und natürlich nach dem jeweiligen Lebensraum. Insgesamt bewegen sich die gemessenen Schadstoffkonzentrationen jedoch weit unterhalb der Toleranzgrenzen.

Fische und Krebstiere haben ein Recht auf die Einhaltung ethischer Grundsätze. Das deutsche Tierschutzgesetz schreibt für alle Produktionsstufen vor, dass lebende Speisefische nur in Behältern aufbewahrt werden dürfen, die ihren Grundbedürfnissen entsprechen. An Endverbraucher dürfen Fische nicht lebend abgegeben werden, an Restaurants und Gaststätten nur dann, wenn diese bestimmte Auflagen erfüllen. Die Betäubungs- und Tötungsverfahren sind ebenfalls genau definiert und im Tierschutzgesetz verankert. Fische müssen unmittelbar vor der Schlachtung möglichst schmerzfrei betäubt werden. Übrigens dürfen auch Freizeitangler nur solche Fische fangen und töten, die anschließend zum Verzehr gedacht sind.

Alles kann verwertet werden.

Fischreste, die bei der Verarbeitung von Fisch zwangsläufig anfallen, sind zum Wegwerfen viel zu schade! In Cuxhaven, in der einzigen Fischmehlfabrik Deutschlands, wird aus den getrockneten, gemahlenen Abfällen ein eiweißreicher Rohstoff gewonnen, der zum Beispiel in der Tierfutterproduktion für Haustiere oder Fische in Aquakulturen Verwendung findet. Parallel zu dem Fischmehl wird hier auch Fischöl gewonnen, welches in diversen Industriebereichen eingesetzt wird.

Interessante Ansätze hat das Norwegische Institut für Fischerei und Aquakultur entwickelt. So kann man zum Beispiel aus Kabeljau-Haut Gelatine herstellen, die sich für viele technische und medizinische Zwecke einsetzen lässt.

Das Eiweiß der Fischmuskeln und das Kalcium der Rückengräten können für die menschliche Ernährung nutzbar gemacht werden, aus Kabeljau-Milz wird inzwischen marine DNA für die kosmetische und pharmazeutische Industrie gewonnen.

Die Schalen der Nordseekrabben enthalten „Chitosan", ein Stoff, der in unterschiedlichsten Branchen wie Kosmetik, Medizin und Lebensmitteltechnologie Verwendung findet. Ja, sogar die Mode profitiert vom maritimen Trend – mit exklusiven Accessoires aus Fischleder und Schmuck aus Fischknochen!

„Rotbarsch ist bei uns im Augenblick der absolute Renner“, freut sich Fischhändler und Gastronom Walter Blum, seit 30 Jahren eine „Institution“ auf der Nordseeinsel Sylt, „groß im Kommen sind außerdem die sogenannten Finger-Foods mit Fisch und Meeresfrüchten. Kleine Snacks, die man zum Vernaschen einfach in die Finger nimmt. Auch die traditionellen Fischbrötchen laufen immer und überall.

Die Verbraucher essen heute viel gesundheitsbewusster. Da liegt die leckere und leicht verdauliche Fischmahlzeit genau im Trend.“

Er merkt es an der stetig steigenden Nachfrage. Ob auf Sylt, in Regensburg oder Berlin, bei BLUM'S drängen sich die Fischfreaks manchmal wie in der berühmten Sardinenbüchse. Frischfischverkauf, Bistro, Restaurant und eigene Räucherei sind hier meist unter einem Dach vereint.

Das appetitlich präsentierte Angebot – rund 40 unterschiedliche Fischarten sowie delikate Suppen, Soßen und Salate aus eigener Herstellung – fordert selbst Skeptiker zu genüsslichen Exkursionen heraus. „Ich habe schon viele Leute zu Fischessern gemacht, sie müssen nur richtig an das Produkt herangeführt werden“, schmunzelt Walter Blum, „wenn man erst einmal auf den Geschmack gekommen ist, gibt es kaum etwas

Was darf's sein? Fischgeschäfte wie BLUM'S bieten die ganze Vielfalt maritimer Köstlichkeiten.

Fisch markt

Dieses Prachtexemplar macht Appetit auf Meer!

„Wenn Hering so teuer wäre wie Hummer, gälte er in den höchsten Kreisen mit Sicherheit als Delikatesse!“

Otto von Bismarck, deutscher Reichskanzler und Namensgeber des Bismarckherings, 1815–1898

Besseres als Fisch. Zumal er sich vielfältig zubereiten läßt.“

Frische und Hygiene sind für den im Schwarzwald geborenen Wahl-Sylter oberstes Prinzip: „Der ganze Betrieb arbeitet nach strengen Hygiene- und Qualitätsrichtlinien, ständig gibt es neue Auflagen, die für uns allerdings schon lange selbstverständlich sind.“

Gut, wenn die Ware praktisch direkt vor der Haustür schwimmt, „die meisten Fische, Nordseekrabben und Muscheln beziehen wir aus der Nordsee. Die kommen täglich frisch bei uns an. Aus jeder Kiste werden Stichproben zur Qualitätskontrolle entnommen. Zusätzlich überprüfen wir die Filets auf dem Leuchttisch nach Nematoden. Der Kunde kann es sich also wirklich ohne Bedenken schmecken lassen!“

Auch privat kommen die köstlichen Meerestiere bei Walter Blum fast täglich auf den Tisch, „ein echtes Lebenselixier“, wie er uns verrät. Für den Fischhandel wünscht er sich, dass die Fanggründe möglichst in der Nähe bleiben und die Preise auch in Zukunft akzeptabel sind: „Fisch essen soll Spaß machen. Und den sollte sich jeder leisten können!“

Wo kaufen Sie Ihren Fisch?

Es ist schon ein besonderes Erlebnis, die noch nach salzigem Seewasser duftende Scholle oder die Nordseekrabben direkt vom Kutter zu holen! Doch das kann man eben nur an der Küste. Zum Glück gibt es aber auch im Binnenland viele Möglichkeiten, an die begehrten Meeresfrüchte zu gelangen. Da wären zum Beispiel die Fischfachgeschäfte oder Wochenmärkte mit ihren vielfältigen Angeboten. Meist dauert es nur Stunden, bis die bereits auf dem Fangschiff eisgekühlten und noch nachts per Bahn oder Kühlfahrzeug transportierten frischen Fische in der Auslage beim Einzelhändler landen.

Häufiger greifen deutsche Verbraucher jedoch zu bereits verarbeiteten, haltbar gemachten Fischereierzeugnissen. Und die werden meist im Discountgeschäft oder Supermarkt gleich um die Ecke eingekauft. Das umfangreiche Angebot hält zum Teil ganze Mahlzeitkomponenten bereit, die in Topf, Pfanne, Ofen oder Mikrowelle ohne Mühe ruckzuck zubereitet sind.

Das geht vom grätenfreien tiefgefrorenen Fischfilet, auf Wunsch mit würzigen Auflagen oder Saucen, über die beliebten Vollkonserven – zum Beispiel mit Hering oder Makrele – bis zu marinierten Leckerbissen und Fischsalaten. Allein den Hering gibt es in über 100 verschiedenen Tunken und Dressings. Kein anderes Lebensmittel bietet ein derart großes Spektrum an Genüssen!

Vom Klippfisch bis zur Vollkonserve.

Frischer Fisch verdirbt wie alle frischen Lebensmittel bekanntlich innerhalb von Tagen. Doch im Laufe der Jahrhunderte haben wir Menschen Mittel und Wege gefunden, diesen natürlichen Prozess zumindest zu verzögern. Dadurch ist es heute möglich, der Lust auf Meer praktisch überall auf der Welt und das ganze Jahr hindurch zu frönen.

Die einfachste Art der Haltbarmachung ist das *Trocknen* an der frischen Luft. Die ausgenommenen Tiere werden entweder ungesalzen als Stockfisch oder gesalzen als Klippfisch angeboten. In Skandinavien, Frankreich und Spanien konserviert man auf diese Weise eine Vielzahl von Fischen. Vielleicht haben Sie schon einmal den spanischen „Bacalao“ probiert, eine Spezialität aus getrocknetem Kabeljau. Kleinere Arten werden, fein zermahlen, auch als Gewürz verwendet.

Ein anderes uraltes Verfahren ist das *Salzen*. Es wird bevorzugt bei fettreichen Fischen eingesetzt, wie Hering, Lachs und Makrelen. Das Salz entzieht dem Fisch das Wasser und sorgt für die Eiweißgerinnung. Beim Reifungsprozess entwickeln sich die typischen Aromastoffe. Je nach Grad der Salzung sind solche Produkte für einige Monate oder bei Magerfischen sogar mehrere Jahre haltbar.

Unter *Marinaden* versteht man gesäuerte Fische, hauptsächlich Heringe. Zunächst reift die Rohware einige Tage lang in einem Essig-Salz-Bad. Während der Essig das Fleisch wunderbar zart macht, sorgt das Salz durch den Wasserentzug für herzhaften „Biss“. Nach einem zweiten Veredelungsbad, eventuell unter Zugabe von Gewürzen und Zucker, sind die marinierten Heringe, Bismarckheringe und Rollmöpse gerade recht für einen herzhaften Seemannsschmaus.

Beim *Räuchern* geht es heute weniger um das Konservieren als um das besondere Aroma und die charakteristische Farbgebung der Fische. Im schwelenden Holzrauch sinkt der Wassergehalt des Fleisches, gleichzeitig dringen die typischen Geschmacksstoffe ein.

Eine schnelle und besonders schonende Konservierung ist der *„Kälteschlaf“*. Der Fisch wird bereits an Bord der modernen Fang- und Verarbeitungs-

Nicht nur frisch verzehrt ist Fisch eine Delikatesse. Je nach Art der Haltbarmachung und der Zutaten entwickeln sich ganz neue, interessante Aromen und Varianten. Man denke nur an frisch geräucherte Bücklinge, marinierte, in Holzfässern gereifte Matjes oder den auf Holzgestellen luftgetrockneten Stockfisch.

schiffe bei minus 40 °C schockartig gefrostet. Tiefkühlfisch dient als Rohware für unzählige Teilfertig- und Fertiggerichte.

Am längsten hält sich die Meeresernte in *Dosen*. Und zwar allein durch Erhitzen, ganz ohne Zusatz von Konservierungsstoffen. Fischhalbkonserven werden bei Temperaturen unter 100 °C pasteurisiert und sind mindestens sechs Monate lang ohne Kühlung haltbar. Die bei über 100 °C sterilisierten Fischvollkonserven können sogar über ein Jahr, meistens sogar drei bis vier Jahre gelagert werden.

Werden bei Produkten mit begrenzter Haltbarkeit Konservierungsstoffe eingesetzt, etwa bei Fischsalaten, muss das deutlich auf der Verpackung gekennzeichnet sein. Für Fischerzeugnisse erlaubt sind zum Beispiel Sorbinsäure (E 200 - 203), Benzoesäure (E 210 - 213), PHB-Ester (E 214 - 219) und Ameisensäure (E 236 - 238).

Viele Kontrollen garantieren die hohe Qualität.

Fisch ist ein empfindliches Nahrungsmittel. Ebenso empfindlich sind wir Verbraucher, was die Frische, den Genusswert und die gesundheitliche Unbedenklichkeit der Ware betrifft.

Die EU hat eine Vielzahl von Gesetzen, Verordnungen und Richtlinien erlassen, um diesen Forderungen gerecht zu werden. Sie gelten übrigens auch für Einfuhren aus Drittländern. Nur Anbieter, welche die strengen Standards der Fischhygiene-Vorschriften erfüllen, dürfen ihre

Unsere beliebtesten Frischfischarten und ihre Filets: **Seefische**

Seelachs. ***Sein Filet ist braun-grau und fest. Es hat einen pikanten Geschmack und lässt sich vielseitig zubereiten.***

Schellfisch. ***Das zarte, weiße, leicht blättrige Filet wird meist gekocht oder gedünstet.***

Kabeljau/Dorsch. ***Vorzüglich im Geschmack, weich und mager, zergeht sein weißes Filet fast auf der Zunge.***

Rotbarsch. ***Das feste, rotweiße Filet schmeckt herzhaft und in vielen Varianten.***

Scholle. ***Ideal als Portionsfisch. Ihr weißes, zartes, mageres Filet ist in Minutenschnelle zubereitet.***

Fische und Fischerzeugnisse auf den europäischen Markt bringen.

Das lückenlose Hygiene- und Qualitätssicherungssystem greift schon an Bord der Schiffe. So gibt es beispielsweise genaue Vorschriften über das Ausnehmen und Kühlen der Fische. Für die großen Fang- und Verarbeitungsschiffe gilt das Prinzip des HACCP-Konzeptes (Hazard Analysis Critical Control Point). Es regelt den gesamten Betriebsablauf zur Herstellung von sicheren Lebensmitteln nach internationalen Normen.

Im Heimathafen warten bereits die Experten von der Lebensmittelüberwachung. Der Schiffsführer muss eine genaue Dokumentation seiner Arbeitsschritte und Fänge vorlegen. Außerdem werden Sauberkeit und Hygiene an Bord kontrolliert - und natürlich die frisch angelandeten Fische.

Nächste Kontrollstation ist die Großmarkthalle. Werden alle lebensmittelrechtlichen Vorschriften beim Verkauf der Meerestiere eingehalten? Entspricht der Fisch in Größe und Frischeklasse den Vermarktungsnormen? Fragen, denen Veterinäramt und Behörden mit größter Sorgfalt auf den Grund gehen.

In den Be- und Verarbeitungsbetrieben tragen Wareneingangskontrollen, HACCP-Konzept und laufende Laborkontrollen zur Qualitätssicherung bei. Auch der Groß- und Einzelhandel hat, schon aus Wettbewerbsgründen, größtes Interesse an einwandfreier, erstklassiger Ware. Auf allen Handelsstufen werden stichprobenartig Frische-Tests durch

Unsere beliebtesten Frischfischarten und ihre Filets: **Süßwasserfische**

Lachs. ***Er lebt sowohl in Salz- als auch in Süßgewässern. Sein köstliches, orange-rosafarbenes Filet ist reich an wertvollen Omega-3-Fettsäuren.***

Forelle. ***Ihr Filet ist hell, zart und fein im Geschmack. Ein Leckerbissen für Ofen, Pfanne, Topf und Grill.***

Karpfen. ***Das Filet ist eine echte Alternative zum grätenreichen ganzen Fisch! Es ist angenehm weich, von rötlicher Farbe und ausgesprochen schmackhaft.***

Wels. ***Fest, weiß und wunderbar mild im Geschmack ist das Filet dieser Grundfischart.***

Zander. ***Ein delikater Genuss! Die festen, weißen, mageren Zanderfilets sind fettarm und immer häufiger im Angebot.***

Es wird bereits über ein Öko-Label für Fische, Krebs- und Weichtiere nachgedacht. Wünschenswert wäre hier nicht nur eine auf die EU beschränkte, sondern weltweite Regelung.

Sehen, Riechen, Tasten und Schmecken durchgeführt, aber auch Untersuchungen auf Parasiten oder Nematoden.

Zusätzliche Sicherheit schafft die so genannte Rückstands-Höchstmengenverordnung. Sie legt enge Grenzen für unerwünschte Rückstände in Fischen und Fischerzeugnissen fest.

Nematoden, Schadstoffe?

Vielleicht erinnern Sie sich noch an die Sache mit den Nematoden im Jahre 1987. Nematoden sind Larven kleiner Fadenwürmer, die der Fisch mit der Nahrung aufnimmt und die sich hauptsächlich in seinem Magen-Darm-Trakt befinden. Keine Sorge, es wurde längst „Entwarnung" gegeben:

Erstens werden Nematodenlarven durch Tiefgefrieren, Räuchern, Garen und Braten zuverlässig abgetötet.

Zweitens stellen die strengen Regelungen und Kontrollen durch die amtliche Lebensmittelüberwachung sicher, dass keine sichtbar mit Parasiten befallenen Speisefische über die Ladentheke gehen. Beim Ausnehmen der Fische müssen die betroffenen Eingeweide restlos entfernt werden, ebenso große Teile der unteren Bauchlappen. Zusätzliche Sichtkontrollen am Leuchttisch gewähren den „totalen Durchblick".

Und wie sieht es mit der Schadstoffbelastung aus? Immerhin enthält das Meerwasser, das Lebenselement der Seefische, durch Ausspülungen des Untergrundes schon von Natur aus Schwermetalle. Unbestritten ist auch, dass Fische in Gebieten mit starker Industrietätigkeit und Umweltverschmutzung mehr Schadstoffe anreichern als in anderen Regionen.

Fest steht jedoch, dass diese Werte meist weit unter den gültigen Grenzwerten der EU liegen! Wissenschaftliche Untersuchungen belegen, dass die essbaren Teile von Seefischen nur äußerst geringe Mengen an Blei, Cadmium und organischen Rückständen wie PCBs aufweisen. Dasselbe gilt für Quecksilber. Aber was ist zum Beispiel mit Thunfischprodukten? Ihr schlechter Ruf geht auf die 60er Jahre zurück. Damals wurden auch alte und sehr schwere Fische verarbeitet, die im Laufe der Zeit höhere Mengen an Quecksilber in ihrem Fettgewebe anreichern konnten. Heute ist die Thunfischindustrie vollständig auf die Verarbeitung von kleinen Tieren eingestellt. Sie dürfen nur dann vermarktet werden, wenn der Schadstoffgehalt unter dem gesetzlichen Höchstwert liegt.

Auch Süßwasserfische wie Karpfen und Forellen aus der heimischen Teichwirtschaft können mit bestem Gewissen aufgetischt werden. Arzneimittel zur Bekämpfung von Krankheiten sind bei Einhaltung der vorgeschriebenen Wartezeiten nicht mehr nachweisbar. Für Fische aus stark belasteten Flüssen und Binnengewässern gilt hierzulande ein Fang- und Handelsverbot.

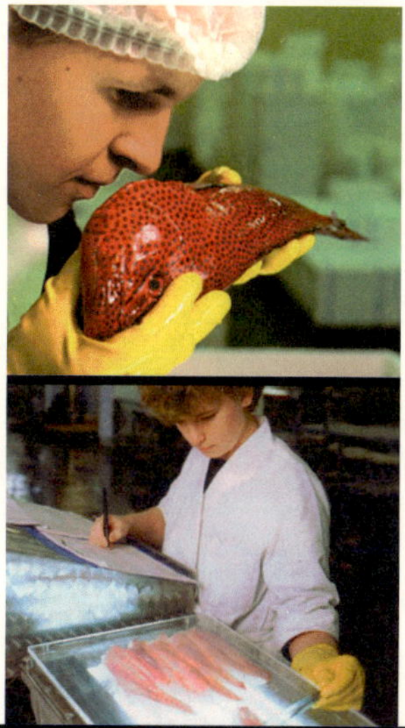

Gentechnisch veränderte Fische und Fischereierzeugnisse sind in Deutschland bisher nicht als Speisefische zugelassen. Falls dies einmal der Fall sein wird, fordert die deutsche Fischwirtschaft eine ausreichende Kennzeichnung für den Verbraucher.

Fisch ist ein sensibles Lebensmittel und wird auf allen Produktions- und Handelsstufen streng kontrolliert.

Übrigens: Seit dem 1. Januar 2002 ist der Einzelhandel verpflichtet, zusätzliche Produktinformationen über Art und Herkunft der Fische zu liefern. Das gilt insbesondere für frischen, geräucherten und tiefgefrorenen Fisch.
Konkret bedeutet das: Ein gut lesbarer „Steckbrief" muss Auskunft geben, wie der Fisch heißt, aus welchem Fanggebiet der Meere bzw. aus welchem Binnengewässer er stammt oder ob er gezüchtet wurde.

Fisch tipps

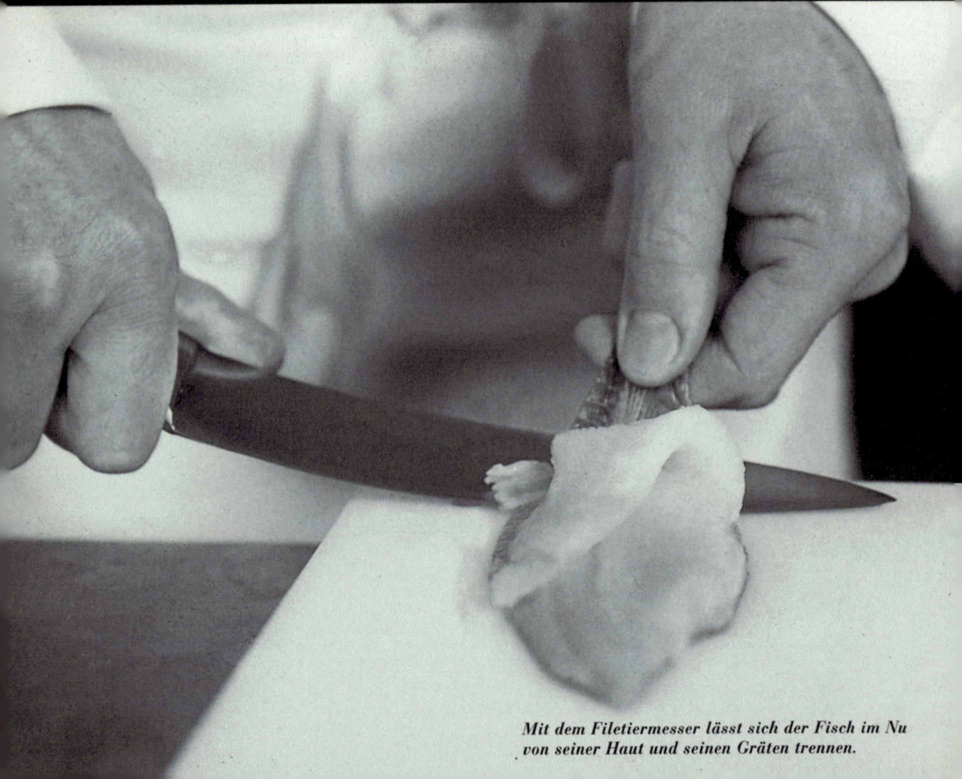

Mit dem Filetiermesser lässt sich der Fisch im Nu von seiner Haut und seinen Gräten trennen.

Ein Bündel Gartenfrische passt gut zur delikaten Meereskost.

Frischer Fisch und würzige Kräuter – eine leidenschaftliche Verbindung! Es darf ruhig mal etwas mehr sein als Dill und Petersilie. Machen Sie es wie die Südländer: Experimentieren Sie mit den Aromen der Kräutergärten aus aller Welt!

Die junge deutsche Küche und die gehobene Gastronomie schwimmen längst schon auf der „grünen Welle". Andreas Ball, Küchenmeister und Fachlehrer an der Staatlichen Gewerbeschule für Gastronomie und Ernährung in Hamburg, möchte auch Ihren Gaumen auf eine kulinarische Entdeckungsreise schicken:

„Essen dient heute nicht mehr nur der Nahrungsaufnahme", weiß der international erfahrene Küchenmeister, „die Menschen werden anspruchsvoller, sie bringen von ihren Reisen viele raffinierte Geschmacksideen mit.

Gerade in Verbindung mit Fisch werden Kräuter jetzt auch bei uns ganz groß geschrieben. Der neueste Trend verzichtet sogar ganz auf Salz, Pfeffer und Zitrone und setzt ausschließlich auf Kräuterwürze. So kommt das spezifische Aroma der Fischgerichte noch intensiver zum Ausdruck."

Wenn möglich, verarbeitet Andreas Ball nur „erntefrisches Grün". „Am liebsten kaufe ich die Zutaten auf dem Wochenmarkt. Inzwischen bieten aber auch viele Supermärkte ein üppiges Frischkräuter-Sortiment an."

Alternativ wählt er tiefgekühlte Kräuter, entweder aus dem eigenen Garten oder der TK-Packung aus dem Lebensmittelmarkt. Getrocknete Kräuter verwendet er nur ungern, „weil einfach die natürliche Frische fehlt."

Interessant ist, dass man heute viele Kräuter nicht mehr mit dem Messer hackt, sondern mit der Schere klein schneidet. Eigentlich logisch, denn beim Hacken werden die zarten Pflanzen stark gequetscht, die schmackhaften Säfte treten aus und gehen für das Aroma verloren. Außerdem erhöhen die etwas gröber belassenen Abschnitte das natürliche Genusserlebnis.

Total „angesagt" sind bei Fischgourmets mediterrane Kräuter wie Thymian, Majoran, Oregano oder das exotische Zitronengras, das man zum Beispiel in Asia-Läden bekommt. „Probieren Sie auch mal Rosmarin. Das kräftige Aroma passt ausgezeichnet zur Forelle. Mein Tipp: Den Fisch in der Pfanne anbraten, die Oberseite mit flüssiger Butter einstreichen, mit etwas Rosmarin bestreuen und bei 120 °C kurz im Backofen überbacken.

Auch ein Hauch von Salbei eignet sich hervorragend für Back- oder Bratfisch. Aber Vorsicht: Diese Kräuter sind sehr dominant, lieber etwas weniger als zu viel verwenden."

Ein Juwel unter den Gewürzen ist der kostbare, leicht bittere Safran: „Man kann ihn zur Kräutermischung oder in die Mehlpanade geben. Neben der einzigartigen Geschmackskomponente verleiht er dem Gericht eine interessante Gelbfärbung." Kräuter passen fast immer und überall – ob als Zugabe im Fischsud, als Kräuterkruste, zum Füllen, Marinieren, in der Fischpanade oder Sauce.

Andreas Ball zeigt, wie man's macht: Kräuterpanade herstellen, Fisch in Mehl wenden, Panade auftragen, anbraten und ab damit in den Ofen!

Hier verrät uns Andreas Ball ein Lieblingsrezept, das er selbst kreiert hat und das garantiert auch bei Ihnen blitzschnell die Runde macht:

Fisch in der Kräuterkruste

Dieses Rezept eignet sich für festfleischigen Fisch wie Thunfisch, Seelachs, Rotbarsch, Lachs, Zander oder Dorade. Für 4 Personen rechnet man zum Beispiel 800 g Seelachs- oder Rotbarschfilet.

Außerdem benötigen Sie für 4 Personen: *60 g Semmelbrösel, 30 g Dill, 30 g Schnittlauch, 30 g krause Petersilie, 10 g Kerbel, 10 g Thymian, 10 g Majoran, 10 g Zitronenmelisse, 2 - 3 Eiweiß, Saft einer halben Zitrone, eine Prise Salz, 60 g Mehl, Öl zum Anbraten*

Zubereitung: *Dill, Schnittlauch und Petersilie mit einer Schere in feine Stücke schneiden (nicht hacken!). Vom Kerbel die Blätter abzupfen. Etwas Thymian und Majoran fein schneiden. Zitronenmelisse in feine Streifen schneiden. Kräuter mischen und mit den Semmelbröseln vermengen.*

Eiweiß mit Kräuter-Brot-Panade verrühren. Fisch mit Zitronensaft einreiben, salzen. Dann in Mehl wenden, das lose Mehl abklopfen. Den Fisch auf einer Seite mit der Kräuter-Brot-Panade bestreichen (etwa 1/2 cm dick), die Panade gut andrücken.

In einer Pfanne etwas Öl erhitzen. Temperatur zurücknehmen, damit die Kräuter nicht verbrennen. Fisch mit der Panade-Seite nach unten in die Pfanne legen und kurz anbraten. Dann den Fisch wenden und auf der unpanierten Seite anbraten.

Fisch mit der Krustenseite nach oben in eine feuerfeste Form oder auf das Backblech legen. Im vorgeheizten Ofen bei 150 °C etwa 1 1/2 Minuten lang überbacken.

Läuft Ihnen schon das Wasser im Munde zusammen? Andreas Ball wünscht „Guten Appetit!"

Der Umgang mit Fisch ist eigentlich ganz einfach ... man muss nur wissen, worauf es ankommt:

Frisch muss er sein! Das ist wirklich die wichtigste Voraussetzung beim Kauf von naturbelassenen Fischprodukten und Meeresfrüchten. Zum Glück gibt es ein paar sichere Merkmale, anhand derer Sie

„Ich finde es eine prima Idee, sich mit dem Fischhändler anzufreunden!"

Jamie Oliver, Küchenchef aus England und Kochbuchautor

die Qualität auf einfache Weise feststellen können:

Am besten ist es, wenn Sie den Fisch „als Ganzes" zu sehen bekommen. Achten Sie auf die Haut, sie sollte feucht und silbrig glänzen. Und nun schauen Sie dem Objekt Ihrer Begierde tief in die Augen: Sind sie schön rund, blank und prall gewölbt? Prima, jetzt ein Blick hinter die Kiemen, sofern sie noch vorhanden sind. Hellrot und leuchtend klar sollten sie sein. Kommen wir zum Schnuppertest: Frischer Fisch hat keinen Eigengeruch, Seefisch duftet vielmehr angenehm nach einer salzhaltigen Meeresbrise, Süßwasserfisch nach quellfrischem Wasser.

Etwas schwieriger ist die Beurteilung von küchenfertigen Fischfilets und Fischkoteletts. Hier bleibt Ihnen eigentlich nur der schon erwähnte Schnuppertest. Außerdem sollte das Fleisch glänzen, auf Daumendruck elastisch nachgeben und – bei Fischkoteletts – fest an den Gräten hängen. Verlassen Sie sich außerdem immer auf Ihre eigene Nase und den bereits erwähnten „Schnuppertest".

Am einfachsten ist die Beurteilung von Tiefkühlfisch. Der Fisch wird meist schon an Bord der Fangschiffe ausgenommen und sofort in den eisigen Kälteschlaf versetzt. Sie brauchen also nur auf das Haltbarkeitsdatum der Verpackung zu achten. Und darauf, dass die Tiefkühltruhe im Laden und zu Hause mindestens auf minus 18 °C eingestellt ist. Höhere Temperaturen schaden der Qualität.

Frische Muscheln essen Sie am besten in der kalten Jahreszeit, oder, wie der Volksmund sagt, in Monaten mit dem Buchstaben „r". Nur lebende Muscheln dürfen als frische Ware angeboten werden. Ihre beiden Schalenhälften, in denen sie das lebenserhaltende Meereswasser speichern, müssen fest verschlossen sein oder sich bei Berührung oder beim Waschen schließen. Muscheln, die beim Kauf bereits offen sind und sich bei Berührung nicht schließen oder beschädigt sind und

Muscheln, die sich beim Kochen nicht öffnen, sind verdorben und dürfen nicht verzehrt werden.

Lieber etwas mehr als zu wenig!

Welche Fischmenge Sie für eine Mahlzeit benötigen, hängt natürlich vom Rezept sowie der Anzahl und dem Appetit Ihrer Gäste ab. Als Faustregel gilt aber 200 g reines Fischfleisch pro Person. Bei Kindern rechnet man etwas weniger, also 150 g. Bedenken Sie beim Kauf von ganzen Fischen, dass Kopf, Flossen und Gräten mit ins Gewicht fallen. Im Durchschnitt muss man für 200 g Fischfleisch etwa 350 bis 400 g vom ganzen Fisch einkaufen.

Viel mehr „dran als drin" ist bei Meeresfrüchten wie Muscheln und Schnecken. Kalkulieren Sie also großzügig für diese Leckerbissen. Ein gutes Kilo Miesmuscheln bringt zum Beispiel nur 200 g Muschelfleisch auf die Waage.

Stellen Sie ihn kalt!

Abgesehen von pasteurisierten und sterilisierten Fischerzeugnissen sollten alle anderen Fischprodukte unbedingt kühl – und nicht zu lange – gelagert werden. Vom Fang der Rohware über Verarbeitung, Lieferung und Handel bis zum Haushalt und Verbrauch darf diese Kühlkette nicht unterbrochen werden. Das ist das A & O für sicheren Genuss!

Besorgen Sie frischen Fisch möglichst erst an dem Tag, an dem Sie ihn verzehren wollen. Auf jeden Fall gehört er nach dem Kauf sofort in den Kühlschrank.

Kleiner Tipp: Legen Sie ihn auf eine umgedrehte Untertasse in einen Glas- oder Porzellanbehälter. So kann eventuell austretende Flüssigkeit abfließen und der Fisch liegt im Trockenen.

Ohne Qualitätsverluste übersteht Fisch längere „Wartezeiten" in der Tiefkühltruhe. Allerdings sollte er so schnell wie möglich eingefroren werden. Ganze Fische müssen vorher geschuppt und ausgenommen werden. Dann unter fließendem Wasser gründlich waschen, abtrocknen und „ab" ins Tiefkühlfach!

Kein Fischtopf zum Dämpfen? Legen Sie die Fischportion auf einen umgedrehten Teller in den Kochtopf, damit sie ohne Wasserkontakt garen kann. Völlig fettfrei und schonend ist auch die Zubereitung in der Folie.

Wichtig: Das Verpackungsmaterial. Für Rohware im Stück bitte nur unbeschädigte, eng anliegende und gut verschließbare Gefrierbeutel oder Alufolie verwenden. Ideal ist luftdichtes Verschweißen. Sonst droht „Gefrierbrand": Der Fisch trocknet aus, wird ledrig und zäh. Bei einer Tiefkühltemperatur von minus 18 °C sind fette Fische, zum Beispiel Lachs, Makrele, etwa zwei Monate, magere Fische und Fischfilet, zum Beispiel Kabeljau, Seelachs, Schellfisch, bis zu fünf Monate haltbar.

Beim Auftauen gilt: Immer schön langsam. Am besten im Kühlschrank (z.B. über Nacht), auf einem Gitter mit Ablaufschale. Bei einem Fisch von 800 bis 1.000 g kann das schon mal zwölf Stunden dauern, aber dafür bleibt das Fleisch schön saftig. Nach dem Auftauen sofort zubereiten!

SSS ... und andere Weisheiten.

Auch für die Zubereitung gibt es ein paar einfache Regeln, die zum Gelingen beitragen. Da sind zunächst die berühmten drei S: Säubern, Säuern, Salzen.

Zuerst das Säubern. Tiefkühlfische nur kurz, frische Rohware dagegen sorgfältig unter fließendem kalten Wasser abspülen und anschließend mit Küchenkrepp trockentupfen. Wer mag, kann ein paar Tröpfchen Zitronensaft auf dem Fisch verreiben. Das ergibt eine feine, frische Geschmacksnote. Außerdem macht die Säure das Fleisch fest und weiß.

Gesalzen wird immer erst kurz vor dem Garen oder Braten, damit das Fischfleisch nicht austrocknet. Streuen Sie das Salz flächig aus größerer Entfernung aus. Zum Garen braucht der zarte und eiweißreiche Genuss nur kurze Zeit. Wird Fisch zu lange gebraten oder gegrillt, wird er trocken und hart.

Ruhig mal mutig Neues ausprobieren!

Ob kalt oder heiß, deftig oder fein, würzig oder mild, süß oder sauer ... Fischgerichte werden niemals „langweilig". Schon von Natur aus bringen sie eine Fülle unterschiedlichster Aromen mit. Je nach Zubereitung kitzeln sie unsere Geschmacksnerven in tausenderlei Varianten, eine köstlicher als die andere. Man muss sich nur auf das Erlebnis einlassen und ruhig mal mutig Neues ausprobieren.

Schnell und unkompliziert kommen sie durch Braten, Grillen und Frittieren zu Ihrem Lieblingsessen. Dafür eignen sich viele Fischarten.

Achten Sie beim *Braten* auf wasserfreies Fett oder Öl, das sich bis auf 180 °C erhitzen lässt, oder verwenden Sie Butterschmalz. Küchenmeister Andreas Ball empfiehlt reines Pflanzenfett, „buttern kann man den Fisch auch noch direkt vor dem Servieren".

Nach dem Anbraten bei starker Hitze stellen Sie die Temperatur auf mittlere Hitze zurück. Bloß nicht zu lange garen, meist genügen pro Seite schon 1 bis 2 Minuten. Damit das Fett nicht auf dem Essteller landet, den Fisch nach dem Braten kurz auf einem Stück Küchenpapier abtropfen lassen.

Statt „natur" können Sie Ihren Bratfisch auch in knuspriger Hülle kredenzen.

Kräuter und Gewürze verfeinern jedes Fischgericht. Probieren Sie's zum Beispiel mal mit: Basilikum, Beifuß, Bohnenkraut, Curry-Pulver, Dill, Estragon, Fenchel, Kerbel, Knoblauch, Koriander, Kümmel, Liebstöckel, Lorbeer, Meerrettich, Muskat, Nelken, Oregano, Paprika, Petersilie, Pfeffer, Piment (Gewürzkörner), Rosmarin, Salbei, Sellerie, Senfkörner, Thymian, Wacholder, Zitronenmelisse, Zwiebel.

Gegrillter Fisch braucht weniger Salz und Gewürze, weil die eigenen Mineralstoffe nicht wie in Topf oder Pfanne ausgeschwemmt werden. Fisch in Scheiben oder Filets erst nach dem Grillen würzen, ein ganzer Fisch wird innen mit einer kleinen Prise Salz eingerieben.

Dazu wenden Sie den gewürzten Fisch kurz vor dem Braten in Mehl. Oder Sie stellen eine Panade her: Fisch leicht in Mehl wenden, anschließend (!) durch verquirltes Eigelb ziehen, eventuell noch mit Semmelbröseln panieren und in heißem Fett goldgelb ausbacken.

Gegrillter Fisch ist vor allem im Sommer ein Hit. Am besten entscheiden Sie sich für festfleischige Fische mit höherem Fettanteil, zum Beispiel Makrele, Thunfisch, Lachs, Forelle, Rotbarsch. Magere Arten müssen während des Grillens immer wieder mit Öl bepinselt werden. Sie können den gewürzten und mit Öl bestrichenen Fisch direkt auf den Rost legen.

Schonender ist das Grillen allerdings auf einem Stück Alufolie oder in einer speziellen Grillschale. Wichtig: Den Fisch häufig wenden, damit er nicht trocken oder faserig wird.

Köstlich und knusprig ist Fisch aus der *Friteuse*. Kleine Fische, Filets oder mundgerechte Stücke brutzeln bei 170 °C munter im schwimmenden Fett. Wer mag, kann den gewürzten Fisch vorher kurz in Mehl wenden, ihn mit Semmelbröseln panieren oder durch einen Ausbackteig ziehen. Nach dem Frittieren kurz auf einem Küchenpapier abtropfen lassen und heiß servieren!

Für *Kochfisch* stellen Sie zunächst einen würzigen Sud her. Zum Beispiel aus Wasser, Essig (oder Wein), Salz, Lorbeerblatt, Zwiebel, Nelken, Gewürzkörnern und Suppengemüse. Alles etwa 10 Minuten lang vorkochen. Erst jetzt den ganzen Fisch oder die Fischkoteletts in die siedende Brühe legen und anschließend gar ziehen lassen. Portionsstücke brauchen etwa 10 Minuten, ganze Fische etwa 20 bis 30 Minuten. Übrigens: Kochfisch darf niemals sprudelnd kochen! Er sollte bei milder Hitze in einem würzigen Sud garziehen, sonst laugt er aus und zerfällt.

Sehr beliebt bei Süßwasserfischen wie Karpfen, Forelle, Saibling, Hecht, Aal oder Schleie ist das *„Blaukochen"*: Man gibt dem Sud einen Schuss Essig zu und die Fischhaut färbt sich blau. Tipp: Ganzer Fisch ist gar, wenn seine Augen grau werden und man die Rückenflosse leicht lösen kann!

Im *Backofen* gelingen fast alle Fische in allen Varianten. Sie können gefüllt und/oder auf einem Gemüsebett in einer feuerfesten Form gebacken werden. Toll schmecken auch bereits gegarte und anschließend im Ofen überbackene Fischfilets und Fischscheiben: Mit Käse bestreuen oder mit Sauce überziehen und bei starker Oberhitze kurz überbacken, bis sich eine goldgelbe Kruste bildet.

Viel Geschmack und wenig Kalorien!

Das Beste für Vitamine, Aroma und „Kalorienzähler" ist Dämpfen oder Dünsten. Bei der Zubereitung können Sie sogar ganz auf Fett verzichten. *Dämpfen* ist vor allem für kleine und zarte Fische, wie zum Beispiel Schollen, Forellen oder Doraden zu empfehlen. Allerdings ist dafür ein Fischtopf mit einem Sieb- oder Locheinsatz und einem gut schließenden Deckel erforderlich. Der Topf wird etwa drei Zentimeter hoch mit Wasser oder Sud befüllt, der Fisch gart im Siebeinsatz über der siedenden Flüssigkeit. Das dauert bei Filets etwa 5 bis 8 Minuten, bei größeren Fischstücken 15 bis 20 Minuten. Aus dem Garsud, der aus Fischfond, Wein und Kräutern bestehen kann, können Sie später durch Reduzieren und Verfeinern eine fantastische Soße zaubern.

Zum *Dünsten* – vor allem von Filets oder Koteletts – schlagen wir Ihnen folgende Variante vor: Feingewürfeltes Gemüse, wie Möhren, Lauch und Sellerie oder feingehackte Schalotten in etwas Butter andünsten. Etwas Fischfond oder auch Weißwein zugeben – aber nur so viel, dass der Boden des Topfes etwa fingerbreit bedeckt ist.

Den gewürzten Fisch in den gut ver-

Mancher würde gern viel öfter Fisch und Meeresfrüchte essen, wenn er wüsste, wie. So rücken Sie dem Fisch zu Leibe:

So tranchieren Sie einen Rundfisch wie die Forelle auf „feine Art": Die Rückenflosse herausziehen. Dann die Haut mit dem Messer am Rücken und vor der Schwanzflosse durchtrennen. Die Haut dicht am Kopf lösen, um die Schneide des Fischmessers wickeln und entfernen. Nun können Sie die Filets entlang der Mittelgräte abheben und es sich schmecken lassen. Schneiden Sie jetzt mit dem Messer unterhalb der Mittelgräte entlang. Die Gräte samt Kopf und Schwanz im Ganzen abheben. Die zweite Fischhälfte behutsam wenden, Haut wie oben beschrieben abziehen und ganz entspannt genießen.

Ein Plattfisch, wie die Scholle, wird auf dem Teller wie folgt zerlegt: Zuerst schneiden Sie mit einem Fischmesser auf der Mittelgräte und vor dem Grätenkranz am Rand entlang. Jetzt können Sie die Filets mit dem Fischmesser mühelos von den Gräten lösen und abheben. Die seitlichen kleinen Gräten werden samt Haut und Fleisch entfernt. Heben Sie nun mit dem Fischmesser das Skelett ab, unter dem die unteren Filets darauf warten, von Ihnen verspeist zu werden. Ob mit oder ohne Haut ist reine Geschmackssache.

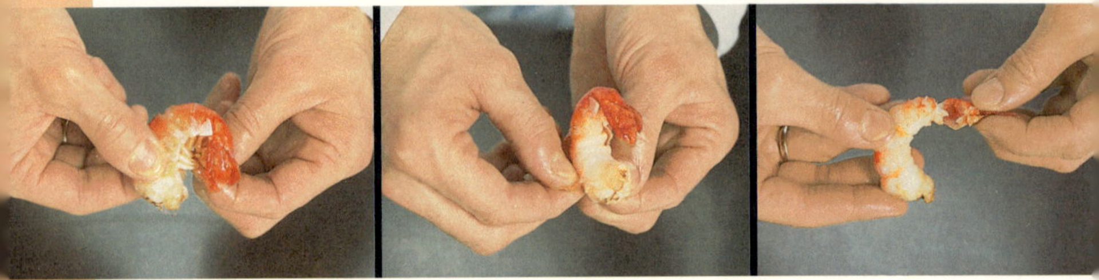

Garnelenschwänze, frisch gegrillt oder in Knoblauchbutter gebraten, sind ein unvergleichlicher Hochgenuss. Oft werden sie im Restaurant sehr dekorativ in der natürlichen Kruste serviert. Lassen Sie sich dadurch nicht abschrecken, auch, wenn Sie der Schale mit bloßen Händen zu Leibe rücken müssen: Drücken Sie die Kruste der Garnelenschwänze an der Innenkrümmung kräftig zusammen. Dann nehmen Sie das Schwanzteil mit der Unterseite nach oben in die Hände, setzen die Daumen an der Unterseite der Kruste an und ziehen sie auseinander. Die aufgebrochene Kruste entfernen. Ihre (kleine) Mühe wird belohnt!

schließbaren Topf setzen und zugedeckt bei mittlerer Hitze auf der Herdplatte oder im vorgeheizten Backofen (175 °C) garen. Zarte Filets sind in 5 bis 10 Minuten fertig, große Fische benötigen bis zu 40 Minuten.

Fettfrei dünsten können Sie Fisch in einem Päckchen aus Alufolie. In feiner Gesellschaft mit zartem Gemüse wird das Ergebnis besonders delikat. Wichtig ist, dass Sie die Folie über dem Inhalt gut verschließen – und zwar so, dass ein kleines Luftpolster bleibt. Anschließend im Wasserbad oder im Backofen bei 200 °C garen. Kalorienarm und praktisch ist auch die Zubereitung im *Bratenschlauch*: Fisch und eventuell Gemüse hineingeben und in den kalten (!) Ofen legen. Erst dann wird der Ofen bis auf 200 °C erhitzt. Besonders ganze Fische lassen sich auf diese Weise hervorragend dünsten! Tipp: Für Fisch in der Alufolie benötigen Sie die doppelte Garzeit wie beim Dünsten, also etwa 6 Minuten.

Feine Krabbensuppe mit frischem Grün

Die löffelt jeder gerne aus!

Für 4 Portionen: *50 g Butter, 50 g Mehl, 20 g Hummer- oder Krebspaste, ein Schuss Weißwein, 1/2 l Wasser, 1/2 l fertiger Fischfond, 30 g heller Lauch, einige Dillzweige, etwas Fenchelgrün, 100 ml süße flüssige Sahne, 1 Teelöffel Weinbrand, 80 g frische Nordseekrabben, Dill, Kerbel, etwas geschlagene Sahne.*

Zubereitung: *Aus Butter und Mehl eine Schwitze herstellen, Hummerpaste zugeben, mit Weißwein ablöschen und Wasser auffüllen. Fischfond dazugießen. Alles kurz aufkochen, dann bei mittlerer Hitze 20 Minuten köcheln lassen. Lauch, Dillzweige und Fenchelgrün fein schneiden, in die Suppe geben, weitere 5 Minuten köcheln lassen und durch ein Sieb passieren. Flüssige Sahne einrühren, mit Weinbrand abschmecken. Zum Schluss die Nordseekrabben hineingeben und auf 4 Tassen oder Teller verteilen. Mit Sahnehäubchen, frischem Dill und Kerbel servieren.*

Scharf angebratener Thunfisch mit Ingwer und Schnittlauch

Einfach, schnell und lecker.

Für 4 Portionen: *600 g Thunfisch (möglichst vom Schwanz oder ein Lendenstück), Sojasauce, 2 EL Sesamöl, Pflanzenfett zum Anbraten, 1 daumengroßes Stück frischer Ingwer (geschält und fein gerieben), 1 Bund frischer Schnittlauch (fein geschnitten).*

Zubereitung: *Thunfisch 1 Stunde lang in etwas Sojasauce marinieren, trockentupfen, mit Sesamöl einreiben. Insgesamt 2 Minuten mit Pflanzenfett in einer Pfanne anbräunen, dabei einmal wenden. Pfanne vom Herd nehmen und den Fisch 1 Minute ruhen lassen.*

Ingwer und Schnittlauch vermischen, auf den Tellerrändern anrichten. 1 EL Sojasauce in die Tellermitte geben. Thunfisch in 0,5 bis 1 cm dicke Scheiben schneiden und auf der Soße servieren.

Garnelen mit Chili, Petersilie, Kerbel und Knoblauch auf Ciabatta

Als Vorspeise ebenso gut wie als Hauptgericht.

Für 4 Portionen: *4 EL Sonnenblumenöl und 1 EL natives Olivenöl extra, 1 frische rote Chilischote, entkernt, fein geschnitten, 2 Knoblauchzehen feingehackt, 16 ganze, rohe Riesengarnelen, Saft von 1 bis 2 Zitronen, je 1 Hand voll Petersilie und Kerbel grob gehackt, Salz, weißer Pfeffer, 4 Scheiben Ciabatta, getoastet.*

Zubereitung: *In einer großen Pfanne Sonnenblumenöl erhitzen, darin Knoblauch, Chili und Garnelen rund 3 Minuten anbraten.*

Temperatur reduzieren. Zitronensaft, Petersilie, Kerbel und etwas Olivenöl hinzugeben, mit Salz und Pfeffer würzen. Auf den getoasteten Ciabatta-Scheiben anrichten, die sich mit der köstlichen Soße vollsaugen.

Zarte Scholle in Tomaten-Oliven-Soße

Genial, um viele Gäste zu begeistern.

Für 4 Portionen: *Natives Olivenöl extra, 2 Knoblauchzehen, geschält, in Scheiben geschnitten, 200 ml Chardonnay, 2 Dosen Tomaten (je 400 g), 150 g schwarze Oliven (entsteint), 1 Hand voll frisches Basilikum, 2 Anchovi-Filets, 4 Schollenfilets (je 200 g), ohne Haut, Meersalz, frisch gemahlener Pfeffer, 4 Zahnstocher.*

Zubereitung: *Backofen auf 200 °C vorheizen. In einer hitzebeständigen Bratpfanne mit etwas Olivenöl den Knoblauch bei mittlerer Temperatur weich braten. Wein zugießen, 1 Minute kochen lassen.*

Temperatur reduzieren. Zerteilte Tomaten in die Pfanne geben, alles langsam köcheln lassen. Oliven, Basilikum und Anchovi-Filets im Mixer pürieren, Olivenöl zugießen, bis eine streichfähige Paste entsteht.

Die Schollenfilets mit der Seite, auf der sich die Haut befand, auf einen Teller legen und mit Pfeffer würzen. Paste darauf verstreichen. Filets aufrollen, mit Zahnstocher zusammenstecken.

Die Tomatensoße mit Salz und Pfeffer würzen und die Fischfilets eng nebeneinander in die Tomatensoße setzen. Mit Olivenöl beträufeln. Im vorgeheizten Ofen 15 Minuten garen.

Ganzer gebackener Lachs, umhüllt von Kräutern und Pergamentpapier

Der „Knüller" für rustikale Parties.

Für 4 Portionen: *1 frischer ganzer Lachs (1,5 kg), geschuppt und ausgenommen, Meersalz, frisch gemahlener Pfeffer, Olivenöl, 4 Hand voll Petersilie, Basilikum, Schnittlauch, Kerbel, Pergamentpapier, 2 Zitronen, in feine Scheiben geschnitten, 6 Frühlingszwiebeln, in dünne Scheiben geschnitten, Küchengarn.*

Zubereitung: *Lachs innen und außen mit Salz und Pfeffer würzen, mit Olivenöl einreiben und mit der Hälfte der Kräuter füllen. Lachs auf gewässertes Pergamentpapier legen. Nun Zitronenscheiben, Frühlingszwiebeln und übrige Kräuter über und unter dem Lachs verteilen. Mit etwas Olivenöl beträufeln. Die Seiten des Pergamentpapieres einschlagen, Fisch fest darin einwickeln, mit Küchengarn gut zusammenbinden.*

Das Paket unter dem Wasserhahn nochmal gründlich befeuchten. Dann auf der obersten Schiene des auf 220 °C vorgeheizten Backofens 35 Minuten backen.

Ökotrophologin Sonja Redmann ist bestens informiert über die aktuellen wissenschaftlichen Veröffentlichungen zum Thema Fisch und Ernährung. Sie belegen den hohen gesundheitlichen Stellenwert der Meereskost.

Fisch lexikon

„Wer regelmäßig ein- bis zweimal pro Woche Seefisch isst, ist einfach besser drauf", empfiehlt Sonja Redmann, Ernährungswissenschaftlerin im Fisch-Informationszentrum Hamburg, „und das liegt nicht nur am guten Geschmack! Dank seiner einzigartigen Nährstoffzusammensetzung bringt Fisch unsere grauen Zellen in Hochform."

Der Zusammenhang zwischen Essgewohnheiten, geistiger Fitness und mentalem Wohlbefinden ist seit langem erwiesen. „Seefisch ist die beste Gehirn-Nahrung. Nehmen wir das Fischfett. Anders als bei Landtieren ist es mit reichlich Omega-3-Fettsäuren gesegnet. Sie helfen dem Gehirn beim Aufbau von Zellmembranen, sind also unentbehrlich für unsere intellektuelle Leistungs- und Konzentrationsfähigkeit, außerdem beugen sie Herz-Kreislauferkrankungen vor."

Fisch ist aber auch gut für die Seele. „Das liegt unter anderem an den Aminosäuren, die im Fischeiweiß reichlich vorhanden sind", erklärt die Expertin, „Tyrosin und Tryptophan zum Beispiel sind die Bausteine für gute Laune, Optimismus, Glücksgefühl und Kreativität. Außerdem enthält Fisch ein breites Spektrum an B-Vitaminen, die unsere Nerven stärken. Nicht zu vergessen den Stress-Stopper Magnesium oder das wertvolle Spurenelement Jod, das über unsere Schilddrüsenhormone gegen Müdigkeit und Antriebsschwäche wirkt."

Kurz gesagt, Fisch ist genau das, was man heute unter „Mood-Food" versteht: Essen, das Lust und Laune macht!

Alaska-Seelachs

Lat.: *Theragra chalcogramma* **D:** *Alaska-Seelachs, Alaska-Pollack* **GB:** *Alaska-pollack* **F:** *Lieu del'Alaska* **I:** *Merluzzo dell' Alasca* **E:** *Abadejo de Alaska*
Nährwerte pro 100 g: kcal: 75 **kJ:** 314 **Eiweiß:** 16,7 g **Fett:** 0,8 g **Jod:** 103 µg

Buttermakrele

Lat.: *Gempylidae* **D:** *Buttermakrele* **GB:** *Escolar* **F:** *Escolier* **I:** *Ruvetto* **E:** *Escolars*
Nährwerte pro 100 g: kcal: 220 **kJ:** 924 **Eiweiß:** 11,6 g **Fett:** 19,2 g

Alaska-Seelachs. ***Weltweit einer der meist gefangenen Fische! Und einer unserer beliebtesten Seefischarten!***
Obwohl der Alaska-Seelachs bei uns erst 1984 als Konsumfisch „entdeckt" wurde, gehört er heute zu den wirtschaftlich bedeutendsten Arten. In Deutschland führt er gemeinsam mit dem Hering die Liste der meistverzehrten Fische an.
Der Alaska-Seelachs ist mit den Dorschen verwandt und wird etwa 80 cm lang. Sein Lebensraum sind die Randgebiete des nördlichen Pazifiks, von Japan bis zum Golf von Alaska. Das Weibchen legt pro Jahr bis zu 15 Millionen Eier und sorgt dadurch für reichlich Nachwuchs.
Sein besonders zartes, weiß bis leicht rosafarbenes Fleisch wird nach dem Fang an Bord der Verarbeitungsschiffe sofort tiefgefroren. In unseren Haushalten landet es dann meist in Form von Fischstäbchen, Schlemmerfilets, Krebsfleischersatz oder anderen Tiefkühlspezialitäten.

Buttermakrele. ***Mit satten 25 Prozent Fettanteil hat sich diese Makrelenart ihren Namen redlich verdient.***
Ihr Fleisch ist weiß, weich und zart wie Butter ... die Asiaten lieben diesen wohlschmeckenden Speisefisch. Die schuppenlose, 20–40 kg schwere Buttermakrele ist im Indischen und Pazifischen Ozean zu Hause.
Sie kommt als Beifang an Bord der Schiffe, die mit Langleinen auf Haifisch- oder Schwertfischfang gehen. Seit etwa zehn Jahren ist sie auch auf dem deutschen Markt zu haben. Allerdings nicht als Frischfisch, sondern tiefgekühlt, geräuchert oder als Marinade.
Das fettreiche Fleisch bleibt beim Braten und Grillen wunderbar saftig, die großen dicken Gräten lassen sich mühelos entfernen. Dank dieser besonderen Eigenschaften wird der hierzulande noch wenig bekannte Fisch langsam auch für die deutsche Küche und Gastronomie „entdeckt".

Dornhai

Lat.: *Squalus acanthias* **D:** *Dornhai* **GB:** *Dogfish* **F:** *Aiguillat* **I:** *Spinarolo* **E:** *Mielgas*
Nährwerte pro 100 g: kcal: 181 **kJ:** 751 **Eiweiß:** 12,6 g **Fett:** 14,5 g

Goldbrasse/Dorade Royal

Lat.: *Sparus aurata* **D:** *Goldbrasse, Dorade Royal* **GB:** *Gilthead sea bream* **F:** *Dorade royale* **I:** *Orata* **E:** *Dorada*
Nährwerte pro 100 g: kcal: 96 **kJ:** 403 **Eiweiß:** 19,7 g **Fett:** 1,9 g

Dornhai. ***Wussten Sie ... dass die beliebten „Schillerlocken" geräucherte Bauchstreifen des Dornhais sind? Und dass sein Rückenfilet als „Seeaal" gehandelt wird?***
Der Dornhai zählt zu den häufigsten Haiarten weltweit. Er unternimmt in Schwärmen ausgedehnte Wanderungen. Mit einer Körperlänge von höchstens 1 m und etwa 9 kg Gewicht gehört er zu den kleineren Vertretern dieser räuberischen Gattung. Haie werden mit zehn bis zwölf Jahren geschlechtsreif und bringen nach einer Tragezeit von 18 bis 22 Monaten (!) nur zwischen vier und acht lebende Junge zur Welt. Deutlich erkennbar sind seine giftigen Dornen vor den Rückenflossen. Für die Fischerei stellt er die wichtigste Kaltwasserhaiart dar.
Das fettreiche Fleisch des Dornhais kann gebraten, pochiert, geschmort und natürlich geräuchert werden. In England ist es auch sehr beliebt für „Fish and Chips"!

Goldbrasse/Dorade Royal. ***Kurios: Goldbrassen sind Zwitter, also weiblich und männlich zugleich.***
Die Goldbrasse zählt zu den wertvollsten Mittelmeerfischen. Im Mittelmeer und an der nordwestafrikanischen Atlantikküste befinden sich auch ihre wichtigsten Wildbestände. Außerdem werden seit einigen Jahren gute Erfolge mit Zuchten in Marikultur erzielt. Dadurch konnte der Markt für diese Art erheblich ausgebaut werden.
Der silbrig-blaue Edelfisch gehört zur großen Barschfamilie. Typisch ist die hochrückige, seitlich zusammengedrückte Körperform. Ein goldgelber Querstreifen zwischen den Augen und der goldene Fleck auf beiden Wangen sind die besonderen Kennzeichen der Goldbrasse. Sie wird maximal bis zu 70 cm lang und 2,5 kg schwer.
Das feine Fleisch der mageren Fische schmeckt vorzüglich gegrillt, in Salzkruste gebacken, aber auch als Filets. Wichtig beim Kauf ganzer Goldbrassen: Je frischer, desto leuchtender die Farben!

Heilbutt

Lat.: *Hippoglossus hippoglossus* **D:** *Heilbutt* **GB:** *Halibut* **F:** *Flétan* **I:** *Ippoglosso* **E:** *Fletán*
Nährwerte pro 100 g: kcal: 101 **kJ:** 424 **Eiweiß:** 20,1 g **Fett:** 5,4 g **Jod:** 52 µg

Hering

Lat.: *Clupea harengus* **D:** *Hering* **GB:** *Herring* **F:** *Hareng* **I:** *Aringa* **E:** *Arenque*
Nährwerte pro 100 g: kcal: 165 **kJ:** 697 **Eiweiß:** 18 g **Fett:** 14,9 g **Jod:** 52 µg
Omega-3-Fettsäuren: 2,7 g

Heilbutt. ***Mit seinem hohen Gehalt an Vitamin D und Selen ist dieser größte aller Plattfische auch ein Genuss für unsere Gesundheit.***
Am tiefen Grund der Nordmeere geht dieser begehrte Edelfisch auf Beutezug. Mit einer maximalen Länge von 4 m und einem Gewicht von bis zu 300 kg ist der Weiße Heilbutt der Riese unter den Plattfischen. Seine Oberseite ist olivgrau, die Unterseite weiß.
Das weiße, zarte Fleisch gilt als Delikatesse und eignet sich vorzüglich zum Dämpfen und Dünsten. Allerdings ist er im Fischhandel meist nur auf Bestellung zu bekommen. Ein Artverwandter, der in jedem Fischsortiment seinen festen Platz hat, ist der Schwarze Heilbutt. Er wird nur etwa 1,2 m lang und ist beidseitig dunkel gefärbt.
Sein wohlschmeckendes Fleisch ist vor allen Dingen als Räucherstück sehr beliebt. Heilbutt gibt es frisch als Schnitte oder Karbonade, tiefgekühlt, geräuchert oder mariniert nach „graved"-Art.

Hering. ***Mit einem Marktanteil von etwa 20 Prozent zählen Heringe und Heringsprodukte zu den Favoriten in Deutschland.***
In Schwärmen von Millionen Fischen durchzieht der Hering den Nordatlantik, die Nord- und die Ostsee. Aufgrund seiner hell glänzenden Flanken und seiner großen wirtschaftlichen Bedeutung spricht man auch vom „Silber des Meeres".
Es gibt wohl kaum einen Fisch in unseren Breitengraden, der in so vielen Varianten angeboten wird. Ob als grüner Hering (frisch), Brathering (gebraten und sauer eingelegt), Bückling (heiß geräuchert), Matjeshering (besonders fetter Hering von Juni bis Ende Juli), Bismarckhering (in Marinade), Rollmops (entgräteter, marinierter Hering, um Gurke gewickelt), Hering in Gelee oder als Konserve mit verschiedenen Cremes und Soßen.
Sein schmackhaftes Fleisch ist reich an Eiweiß, Fett und gesunden Omega-3-Fettsäuren. Die handelsübliche Größe beträgt 25 cm und bringt 400 g auf die Waage.

Hoki

Lat.: *Macruronus spp.* **D:** *Hoki, Langschwanz-Seehecht* **GB:** *Blue grenadiers*
F: *Grenadiers bleus* **I:** *Merluzzi granatieri* **E:** *Colas de rata*
Nährwerte pro 100 g: kcal: 83 **kJ:** 349 **Eiweiß:** 16,9 g **Fett:** 1,9 g

Hummer

Lat.: *Homarus spp.* **D:** *Hummer* **GB:** *Lobster* **F:** *Homard* **I:** *Astice* **E:** *Bogavante*
Nährwerte pro 100 g: kcal: 95 **kJ:** 398 **Eiweiß:** 15,9 g **Fett:** 1,9 g **Jod:** 100 µg

Hoki. ***Aus der südlichen Tiefsee kommt dieser Langschwanz-Seehecht jetzt auch in unsere heimischen Küchen.***
Ein „Newcomer", der seit Anfang der 80er Jahre in Asien und den USA eine steile Karriere macht! Auch in Deutschland gewinnt der Hoki, der bei uns auch „Blauer Seehecht" genannt wird, mit seinem schmackhaften, zarten weißen Fleisch immer mehr Freunde. Zumal er so einfach und vielseitig zu genießen ist.
Er wird übrigens ausschließlich als gefrostetes Filet, mit und ohne Haut, angeboten. Denn Hokifleisch ist so empfindlich, dass es gleich an Bord der Fangschiffe verarbeitet und tiefgefroren werden muss.
Die meisten Fänge sind um Neuseeland/Australien, Chile/Argentinien und Japan zu verzeichnen. Hier leben die langgestreckten, zur Schwanzspitze hin keilförmigen Schwarmfische in Tiefen von 400 bis zu 5.000 Metern. Sie sind ausgesprochen fruchtbar und schnellwüchsig, was ihnen stabile Bestände sichert. Hoki werden bis zu 1,2 m lang und 6 kg schwer.

Hummer. ***Zwei mächtige Scheren sind sein Markenzeichen. Kurios: Auch unter Hummern gibt es Rechts- und Linkshänder!***
Der Hummer verfügt mit seinen gewaltigen Scheren über zwei hervorragende Werkzeuge: Die eine dient mit ihren scharfen Zacken dem Ergreifen und Zerschneiden der Beute. Die andere Schere wird zum Zertrümmern harter Schalen und Gehäuse, zum Beispiel von Muscheln und Schnecken, benutzt.
Die Heimat dieses auffälligen Höhlenbewohners ist der Nordatlantik. In Europa liegen die besten Fanggebiete rund um Großbritannien. Allerdings sind die bei uns gehandelten Hummer zu 80 Prozent Importe aus USA und Kanada. Sie können eine Länge von maximal 75 cm und ein Gewicht von bis zu 4 kg erreichen. Exemplare mittlerer Größe zwischen 400 und 800 g gelten jedoch als die Besten. Hummer werden lebend, gekocht, tiefgefroren oder als Hummerfleischkonserven angeboten. Ihre leuchtend rote Farbe erhalten sie erst beim Kochen, denn nur die roten Pigmente der Schale sind hitzebeständig. Gourmets verzehren den Hummer als exklusive Gaumenfreude am liebsten lauwarm und „pur".

Kabeljau/Dorsch

Lat.: *Gadus morhua* **D:** *Kabeljau/Dorsch* **GB:** *Cod* **F:** *Cabillaud* **I:** *Merluzzo bianco* **E:** *Bacalao*
Nährwerte pro 100 g: kcal: 81 **kJ:** 342 **Eiweiß:** 16,9 g **Fett:** 0,6 g **Jod:** 120 µg

Makrele

Lat.: *Scomber scombrus* **D:** *Makrele* **GB:** *Mackerel* **F:** *Maquereau* **I:** *Sgombro* **E:** *Caballa*
Nährwerte pro 100 g: kcal: 180 **kJ:** 751 **Eiweiß:** 18,8 g **Fett:** 11,6 g **Jod:** 74 µg
Omega-3-Fettsäuren: 4,17 g

Kabeljau/Dorsch. ***Ein Fisch mit zwei Namen: In der Ostsee wird er Dorsch, in der Nordsee Kabeljau genannt.***
Einer unserer besten und begehrtesten Speisefische! Er kommt als in Schwärmen lebender Wanderfisch und als ortsgebundene Küstenrasse fast im gesamten Nordatlantik sowie in der Nord- und Ostsee vor.
Ein ausgewachsener Kabeljau kann bis zu 1,5 m lang und 30–40 kg schwer werden! Meist wird er aber in Größen von etwa 60 cm Länge und 2,5 kg Gewicht angeboten.
Charakteristisch ist sein kräftiger Bartfaden am Unterkiefer. Neben frischer, tiefgefrorener und geräucherter Ware ist Kabeljau – vor allem in südlichen Ländern und Skandinavien – getrocknet und gesalzen als Klipp- oder getrocknet als Stockfisch bekannt.
Sein weißes Fleisch ist mager, vorzüglich im Geschmack und sehr gesund – auch durch den hohen Jodanteil. Aus Dorschleber wird übrigens der vitaminreiche Lebertran hergestellt.

Makrele. ***Makrelen haben keine Schwimmblase! So können sie auf der Flucht vor Feinden blitzschnell ausweichen, auf- und abtauchen.***
Die beliebte und wirtschaftlich bedeutende Makrele gilt als „elegantester" Konsumfisch. Dank ihrer torpedoartigen Körperform erreicht sie erstaunliche Geschwindigkeiten. Sie durchquert in großen Schwärmen das Mittelmeer, den Atlantik und die Nordsee. Obwohl sie durchaus bis zu 60 cm lang werden kann, messen die handelsüblichen Exemplare meist nur zwischen 30 und 40 cm.
Das aromatische, zarte Fleisch der Makrele ist bräunlich-rot gefärbt und saftig. Je nach Jahreszeit schwankt der Fettgehalt zwischen nur 3 Prozent im Frühjahr und satten 30 Prozent im Herbst. Das Gute am Fett ist der hohe Gehalt an Omega-3-Fettsäuren, die Herz und Kreislauf in Schwung halten.
Makrelen sind frisch, geräuchert, gebeizt, tiefgefroren, mariniert und als Konserve im Angebot. Als Frischfisch werden sie meist auf dem Grill oder in der Pfanne zubereitet.

Miesmuschel

Lat.: *Mytilus edulis* **D:** *Miesmuschel* **GB:** *Blue mussel* **F:** *Moule commune* **I:** *Mitilo* **E:** *Mejillón*
Nährwerte pro 100 g: kcal: 68 **kJ:** 268 **Eiweiß:** 10,2 g **Fett:** 1,9 g **Jod:** 105 µg

Nordseekrabbe

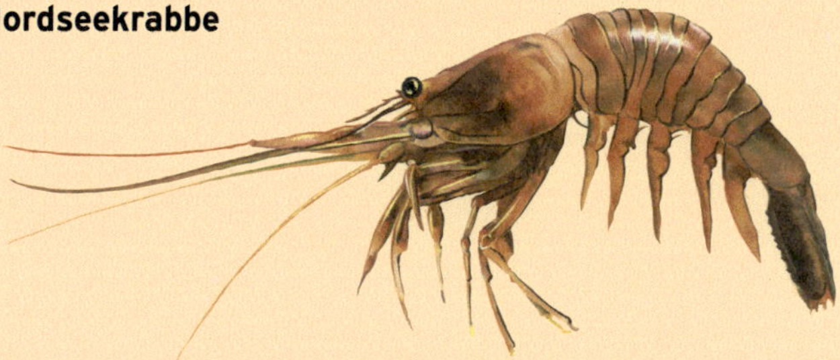

Lat.: *Crangon crangon* **D:** *Nordseegarnele, Nordseekrabbe* **GB:** *Common shrimp* **F:** *Crevette grise*
I: *Gamberetto grigio* **E:** *Quisquilla gris*
Nährwerte pro 100 g: kcal: 87 **kJ:** 369 **Eiweiß:** 18,6 g **Fett:** 1,44 g **Jod:** 130 µg

Miesmuschel. ***Die Bezeichnung „Mies" kommt von „Moos", weil sie sich wie Moos an Steinen, Pfählen oder Tauen festsetzt.*** Auch Blau- oder Pfahlmuschel genannt. Die blauschwarzen Weichtiere leben im Küstenbereich des Nordatlantiks in großen Kolonien, den sogenannten Muschelbänken. Ein großer Teil stammt von Zuchtbänken an der deutschen Nordseeküste, aber auch aus den Niederlanden, Dänemark und Frankreich. Sie werden in Tiefen von bis zu zehn Metern an Pfahl- und Treibgestellen, Tauen oder Matten kultiviert. Nach etwa vier Jahren haben sie ihre Marktgröße von 5–8 cm erreicht und können „geerntet" werden.

Nur lebende Miesmuscheln dürfen als frische Ware angeboten werden. Traditionell isst man sie gekocht in der Terrine. Es gibt sie aber auch tiefgekühlt und in Konserven. Vorspeisen, Suppen und Hauptgerichte mit Muscheln liegen voll im Trend und erfreuen sich bei uns steigender Nachfrage.

Nordseekrabbe. ***Eine der feinsten Spezialitäten der Nordseeküste mit einer Extraportion Jod für unsere Gesundheit.*** Streng zoologisch betrachtet ist sie eine Sandgarnele, darf sich aber trotzdem Nordseekrabbe nennen. Wie schon der Name sagt, lebt sie hauptsächlich in den flacheren Küstengewässern und dem Wattenmeer der Nordsee vor Deutschland, Holland und Dänemark. Hier stellen ihr die Kutter nach. Der lukrative Fang wird noch an Bord gekocht. Erst dann nehmen die grauen, durchsichtigen Körper ihre rötlich-braune Farbe an.

Ob zum Selbstschälen („Pulen"), als bereits gepultes Krabbenfleisch im Kühlregal, tiefgefroren sowie als Konserve; die kleinen Leckerbissen lassen sich zu den köstlichsten Salaten, Snacks und Delikatessen verarbeiten. Auch auf dem berühmten „Krabbenbrötchen" ist ihr festes, zartes Fleisch mit dem süßlich-nussigen Aroma eine maritime Gaumenfreude.

Rotbarsch

Lat.: *Sebastes spp.* **D:** *Rotbarsch* **GB:** *Redfish* **F:** *Sébaste* **I:** *Scorfano di Norvegia* **E:** *Gallineta*
Nährwerte pro 100 g: kcal: 114 **kJ:** 479 **Eiweiß:** 18,5 g **Fett:** 3,8 g **Jod:** 99 µg

Roter Knurrhahn

Lat.: *Trigla lucerna* **D:** *Roter Knurrhahn* **GB:** *Tub gurnard* **F:** *Grondin rouge* **I:** *Capone gallinella* **E:** *Bejel*
Nährwerte pro 100 g: kcal: 90 **kJ:** 378 **Eiweiß:** 18,8 g **Fett:** 1,3 g

Rotbarsch. ***Das Besondere an diesem Fisch: Er lebt in Tiefen bis zu 1.000 Metern, bringt lebende Jungtiere zur Welt und kann bis zu 50 Jahre alt werden!***
Ein echter „Farbklecks“ in den Tiefen des Nordatlantiks ist der Rotbarsch mit seiner auffälligen Rotfärbung und seinen stacheligen Flossen. Er gehört bei uns zu den beliebtesten Seefischarten.
Kein Wunder, denn sein festes, rotweißes Fleisch ist ein herzhafter Leckerbissen und ausgesprochen vielseitig in der Zubereitung. Man kann es kochen, dünsten, pochieren, backen oder braten, aber auch heißgeräuchert genießen. Rotbarsche leben in Schwärmen.
Sie werden im Durchschnitt 40 cm groß, können aber auch eine Länge von bis zu 1 m und ein Gewicht von 12 kg erreichen.

Roter Knurrhahn. ***Ja, er kann tatsächlich „knurren“ – und zwar mithilfe seiner Schwimmblase, die er bei Erregung in Schwingungen versetzt.***
Eine auffällige Erscheinung in der Nordsee und den angrenzenden, mäßig warmen Meeren ist der farbenprächtige Rote Knurrhahn. Nicht nur die rote Farbe und der große, fast dreieckige gepanzerte Kopf fallen sofort ins Auge. Eine Besonderheit sind auch die großen Brustflossen mit den drei verlängerten unteren Strahlen, auf denen der räuberische Fisch am Meeresboden „laufen“ kann. Außerdem dienen sie als Tastorgane bei der Nahrungssuche.
Knurrhähne leben in etwa acht Metern Tiefe. Sie werden im Durchschnitt 30–60 cm lang und bis zu 1 kg schwer. Ihr delikates, festes weißes Fleisch eignet sich ausgezeichnet zum Dünsten, Braten und Grillen.

Sardine

Lat.: *Sardina pilchardus* **D:** *Sardine* **GB:** *Pilchard* **F:** *Sardine* **I:** *Sardina* **E:** *Sardina*
Nährwerte pro 100 g: kcal: 134 **kJ:** 563 **Eiweiß:** 19,5 g **Fett:** 5,9 g

Schellfisch

Lat.: *Melanogrammus aeglefinus* **D:** *Schellfisch* **GB:** *Haddock* **F:** *Églefin* **I:** *Asinello* **E:** *Eglefino*
Nährwerte pro 100 g: kcal: 79 **kJ:** 334 **Eiweiß:** 18,2 g **Fett:** 0,5 g **Jod:** 243 µg

Sardine. ***Die berühmte „Ölsardine" kommt meist als Importprodukt aus Marokko auf den deutschen Markt.***
Klein, aber „oho" ist die schmackhafte Sardine. Sardinen bevölkern in riesigen Schwärmen nahezu alle Weltmeere. Die Hauptfanggebiete der europäischen Sardine liegen im nördlichen Mittelmeer und dem Nordostatlantik von Südengland bis Madeira und den Kanaren.
Seit jeher gehört dieser nur 10–20 cm lange, schlanke heringsartige Fisch mit der silbrig glänzenden Bauchseite zu den beliebtesten Speisefischen. Die meisten Sardinen werden bei uns in Konserven angeboten und stammen größtenteils aus der marokkanischen Fischindustrie.
Unseren Bedarf an frischen und tiefgekühlten Sardinen decken wir durch Importe aus dem europäischen Mittelmeerraum. Frisch schmeckt die relativ fettarme Sardine am besten knusprig in Öl gebraten, gegrillt oder im Ofen auf Gemüse gebacken.

Schellfisch. ***Das für unsere Gesundheit so wichtige Spurenelement Jod ist in diesem köstlichen Magerfisch besonders reichlich vorhanden.***
Äußerlich ähnelt der Schellfisch seinem Verwandten, dem Kabeljau. Kenner unterscheiden ihn an seinem schwarzen Fleck oberhalb der Brustflosse.
Er ist, wie der Kabeljau, ein typischer Bodenfisch, der sich von Tieren am Meeresboden ernährt. Die wichtigsten Fanggründe liegen in der Nordsee, der Barents-See sowie vor der isländischen Süd- und Ostküste. Inzwischen spielen auch Importe aus Nordamerika eine bedeutende Rolle.
Schellfische können bis zu 1 m lang und 15 kg schwer werden. Feinschmecker schätzen ihr zartes, weißes, leicht blättriges Fleisch. Es wird frisch, tiefgefroren, getrocknet und geräuchert auf den Markt gebracht.
Unbedingt probieren: Gedünsteter Schellfisch mit Butter- oder Senfsoße!

Schnapper/Snapper

Lat.: *Lutjanidae* **D:** *Schnapper* **GB:** *Snapper* **F:** *Lutjanidés, Vivaneaux* **I:** *Lutiani* **E:** *Lutjánidos*
Nährwerte pro 100 g: kcal: 104 **kJ:** 434 **Eiweiß:** 20 g **Fett:** 2,6 g

Scholle

Lat.: *Pleuronectes platessa* **D:** *Scholle* **GB:** *Plaice* **F:** *Plie* **I:** *Passera* **E:** *Solla*
Nährwerte pro 100 g: kcal: 83 **kJ:** 348 **Eiweiß:** 17,2 g **Fett:** 0,8 g **Jod:** 190 µg

Schnapper/Snapper. ***Ganz nach dem Geschmack der USA und dort Marktführer unter den Speisefischen!***
Die Nordamerikaner lieben ihn: Fest, trocken und weiß im Fleisch, dabei nur wenige, große Gräten und für alle Garmethoden geeignet! Diese Vorzüge „schmecken" natürlich auch deutschen Fischfans.
Der bis zu 1 m große und 20 kg schwere Raubfisch gehört zur Familie der Barsche. In den Riffen der subtropischen Meere, besonders im Indopazifik und Westatlantik, lauert er auf seine Beute, bevor er plötzlich zuschnappt. Daher auch der Name. Das wohlschmeckende Filet des Fisches geht frisch, tiefgefroren und geräuchert über den Ladentisch. Es gibt rund 185 Schnapper-Arten. Als „Red Snapper" darf in den USA aber nur die unter dem wissenschaftlichen Namen Lutjanus campechanus geführte Art bezeichnet werden – in Deutschland ist die Handelsbezeichnung „Roter Schnapper" für den *Lutjanus malabaricus* reserviert. Landläufig werden allerdings knapp ein Dutzend Arten, deren Körper eine rote oder bräunliche Grundfärbung aufweist, als „Red Snapper" bezeichnet.

Scholle. ***Wie alle Plattfische kommt die Scholle als ganz „normal" gebauter Fisch zur Welt. Erst später wandert das linke Auge auf die rechte Körperhälfte und sie beginnt, auf der Seite zu schwimmen.***
Fangfrische Scholle, goldgelb in Butter gebraten … für Fischkenner einfach unwiderstehlich! Schollen haben unter den Plattfischen die wirtschaftlich größte Bedeutung für die europäische Küstenfischerei.
Sie kommen im Nordatlantik und im westlichen Mittelmeer vor, ihre Hauptfanggebiete befinden sich jedoch in der Nord- und Ostsee. In der Regel werden Schollen 25–50 cm lang und bis zu 2 kg schwer. Ihr mageres Fleisch ist weiß und zart, dabei reich an Eiweiß und Jod.
Am besten schmecken sie von Mai bis Oktober und zwar im Ganzen gebraten, direkt von der Gräte. Oder als Filet auf Gemüse gedämpft.

Schwertfisch

Lat.: *Xiphias gladius* **D:** *Schwertfisch* **GB:** *Swordfish* **F:** *Espadon* **I:** *Pesce spada* **E:** *Pez espada*
Nährwerte pro 100 g: kcal: 126 **kJ:** 532 **Eiweiß:** 19,4 g **Fett:** 4,4 g **Omega-3-Fettsäuren:** 0,85 g

Seehecht

Lat.: *Merluccius merluccius* **D:** *Seehecht* **GB:** *Hake* **F:** *Merlu européen* **I:** *Narsello* **E:** *Merluza europea*
Nährwerte pro 100 g: kcal: 83 **kJ:** 350 **Eiweiß:** 17 g **Fett:** 1,4 g

Schwertfisch. ***Der auffällige Fisch mit dem langen „Schwert" wird auf mediterranen Märkten als Topp-Delikatesse gehandelt!***
Eine imposante Erscheinung ist dieser bis zu 4,5 m lange und bis zu 540 kg schwere Schwarmfisch mit seinem schwertförmig verlängerten Oberkiefer. Obwohl er in allen warmen und mäßig-warmen Meeren vorkommt, ist frischer Schwertfisch hierzulande eher selten im Handel.
Sein würziges, festes Fleisch ist geräuchert oder als Konserve aus tropischen und subtropischen Importen verfügbar.
Wer Gelegenheit hat, an frische oder tiefgekühlte Schwertfisch-Schnitten zu gelangen, kann sie wie ein Fleischsteak braten oder grillen. Besonders lecker schmecken dazu Olivenöl, Knoblauch, Pfefferschoten, Mittelmeerkräuter, Tomaten und Paprika.

Seehecht. ***Sein wohlschmeckendes, weißes festes Fleisch wird bei uns meist für Tiefkühlprodukte verwendet – zum Beispiel für die beliebten „Schlemmerfilets".***
Typisch für diesen gefräßigen Raubfisch sind die schlanke Körperform, der auffallend spitze Kopf und die schwarze Farbe seiner Mund- und Kiemenhöhle.
Während die europäische Art in weiten Teilen des Atlantiks, in Mittelmeer und Nordsee anzutreffen ist, werden andere Arten vor den Küsten Südafrikas, Nordamerikas, Argentiniens und Uruguays gefangen. Die bis zu 1 m langen und 10 kg schweren Magerfische erfreuen sich in Deutschland zunehmender Beliebtheit.
Frische ganze Fische entfalten ihr Aroma besonders gut beim Dünsten in Folie. Die festfleischigen Filets eignen sich ideal für Fischfondue, Fischgulasch oder Fischspieße.

Seelachs

Lat.: *Pollachius virens* **D:** *Seelachs* **GB:** *Saithe* **F:** *Lieu noir* **I:** *Merluzzo carbonaro* **E:** *Carbonero*
Nährwerte pro 100 g: kcal: 87 **kJ:** 368 **Eiweiß:** 18,3 g **Fett:** 0,6 g **Jod:** 200 µg

Seeteufel

Lat.: *Lophius spp.* **D:** *Seeteufel* **GB:** *Anglerfish* **F:** *Baudroie* **I:** *Rana pescatrice* **E:** *Rape*
Nährwerte pro 100 g: kcal: 66 **kJ:** 278 **Eiweiß:** 14,9 g **Fett:** 0,7 g

Seelachs. ***Er trägt zwar einen ähnlichen Namen, hat aber mit dem echten Lachs rein gar nichts zu tun. Der Seelachs ist mit dem Kabeljau verwandt.***
Aus dem hohen Norden – den Gewässern um Island, Spitzbergen, Norwegen und der Nordsee – stammt einer der begehrtesten deutschen Speisefische: Der Seelachs, auch Köhler genannt. Sein mageres, braungraues Fleisch wird beim Garen hell und ist ausgesprochen vielseitig in der Zubereitung. Zudem liefert es uns eine Extraportion Jod.
Gebratene Filets sind ein schneller Hochgenuss. Das feste Seelachsfleisch eignet sich aber auch hervorragend als Basis für leckere Fischspieße, Fischgulasch und Fischfrikadellen! Unter der Bezeichnung „Lachsersatz" sind geräucherte Seelachsscheiben in Öl bekannt.
Im Handel gibt es den durchschnittlich 70 cm langen und 3–4 kg schweren Schwarmfisch frisch, tiefgekühlt, geräuchert und als Konserve.

Seeteufel. ***Mit einer „Angel" geht dieser wahrhaft teuflisch anmutende Raubfisch auf Beutefang.***
Eine Schönheit ist er wirklich nicht. Fischkenner schätzen aber die hervorragenden „inneren Qualitäten"! Der Seeteufel ist in vielen Meeren der Welt zu Hause, hauptsächlich im Mittelmeer und im Nordatlantik. In Tiefen von bis zu 1.000 Metern und mehr macht er Jagd auf Seeaal, Knurrhähne, Rochen und andere bodennah lebende Fische. Dabei lockt er die Opfer mit einem angelartigen Rückenflossenstrahl direkt vor sein riesiges Maul, das blitzschnell zuschnappt!
Die bei uns angebotene Art – auch Lotte genannt – wird bis zu 2 m lang und bis zu 40 kg schwer. Handelsübliche Größen liegen meist zwischen 50 und 60 cm. So furchterregend das Äußere, so köstlich mundet das grätenfreie, weiße magere Fleisch.
Man kann es ausgesprochen vielseitig zubereiten, ob in Pfanne, Topf, Folie oder auf dem Grill. Übrigens: Der Kopf des Fisches wird vor dem Verkauf oft schon entfernt – um die Kunden nicht „abzuschrecken"...

Seezunge

Lat.: *Solea solea* **D:** *Seezunge* **GB:** *Common sole* **F:** *Sole commune* **I:** *Sogliola* **E:** *Lenguado*
Nährwerte pro 100 g: kcal: 89 **kJ:** 377 **Eiweiß:** 17,5 g **Fett:** 2,5 g

Sankt Petersfisch

Lat.: *Zeus faber* **D:** *Sankt Petersfisch* **GB:** *John dory* **F:** *Saint-Pierre* **I:** *Pesce San Pietro* **E:** *Pez de San Pedro*
Nährwerte pro 100 g: kcal: 89 **kJ:** 372 **Eiweiß:** 19 g **Fett:** 1,4 g

Seezunge. ***Ganz was Feines! Allerdings ist dieser Edelfisch nur in relativ kleinen Fangmengen verfügbar und entsprechend teuer.***

Schon ihr Name zergeht dem Genießer auf der Zunge … das äußerst delikate, zarte weiße Fleisch der Seezunge gehört zu den kulinarischen Schätzen der Nordsee!

Die Fanggründe dieses äußerlich eher unscheinbaren Edelfisches befinden sich vor allem in den südlichen Teilen der Nordsee, im Ärmelkanal und vor der norwegischen Küste. Die Fänge der deutschen Kutter werden durch Importe aus den Niederlanden, Belgien und Dänemark ergänzt.

Die Seezunge ist ein typischer Plattfisch. Tagsüber vergräbt sie sich gut getarnt im sandigen Meeresgrund, nachts geht sie auf Beutesuche. Erwachsene Tiere erreichen bei einer Länge von 50–60 cm ein Gewicht von 400–800 g.

Sie werden in guten Fischgeschäften als ganzer Fisch, filetiert und tiefgefroren angeboten. In der Pfanne gebraten sind Seezungen ein echter Hochgenuss.

Sankt Petersfisch. ***Eigentlich müsste er „Petrusfisch“ heißen, denn der große schwarze Punkt an seinen Flanken ist der Legende nach ein Fingerabdruck des Apostels Petrus.***

Er sieht schon recht bizarr aus, mit seinem diskusförmiger Körper, den langen, fahnenartigen Stachelflossen und dem schrägen Maul. Dafür ist der Petersfisch von exquisitem Geschmack! Sein weißes Fleisch ist relativ fest und mager, ein Festtagsessen zum Pochieren, Braten, Dünsten oder Grillen.

Die bis zu 60 cm langen Fische leben in kleinen Gruppen vor allem im Mittelmeer und an der Ostküste des Atlantiks.

Sie jagen so langsam und sachte, dass ihre Beute – Tintenfische und kleine Schwarmfische – oft völlig arglos bleibt. Da heringsartige Fische zu ihrer Lieblingsspeise zählen, werden Petersfische übrigens auch „Heringskönige“ genannt.

Steinbeißer

Lat.: *Anarhichas spp.* **D:** *Steinbeißer* **GB:** *Wolffish* **F:** *Loup de mer* **I:** *Lupo di mare* **E:** *Perro*
Nährwerte pro 100 g: kcal: 96 **kJ:** 402 **Eiweiß:** 17,6 g **Fett:** 2,8 g **Jod:** 110 µg

Steinbutt

Lat.: *Psetta maxima* **D:** *Steinbutt* **GB:** *Turbot* **F:** *Turbot* **I:** *Rombo chiodato* **E:** *Rodaballo*
Nährwerte pro 100 g: kcal: 82 **kJ:** 344 **Eiweiß:** 16,7 g **Fett:** 1,7 g **Omega-3-Fettsäuren:** 0,84 g

Steinbeißer. ***Mit seinem raubtierartigen Gebiss, das immer wieder nachwächst, „knackt" der Steinbeißer Muscheln, Krebse und Seeigel.***

Warum man diesen typischen Grundfisch auch „Seewolf" nennt, wird klar, wenn man sein breites Maul mit den furchteinflößenden kräftigen Zähnen betrachtet. Sein Lebensraum sind vor allem die kalten nordischen Gewässer. Er wird nicht gezielt gefischt, sondern kommt als wichtiger Beifang ins Netz der Trawler.

Von den insgesamt fünf Arten werden der Gefleckte und der Gestreifte Steinbeißer als wertvolle Speisefische hoch geschätzt. Der in Europa gehandelte Gestreifte Steinbeißer stammt meist aus isländischen Fanggebieten. Ausgewachsen wird er etwa 1,2 m lang und 25 kg schwer.

Sein helles, relativ festes Fleisch ist von delikatem Geschmack. Es wird als Filet oder in Scheiben geschnitten als Karbonaden verkauft, auch geräuchert mundet es ganz vorzüglich.

Steinbutt. ***Ein echter „Edelstein" in der feinen Fischküche! Sein festes weißes Fleisch bleibt lange frisch und hat einen exzellenten Geschmack.***

Der Steinbutt gilt neben der Seezunge als edelster Plattfisch. Steinartige Knochenhöcker auf der Oberseite gaben ihm den Namen. Er ist in den flachen Küstengewässern des Nordostatlantiks bis Nord-Norwegen und hinunter nach Portugal zu finden, in Ostsee, Mittelmeer und Schwarzem Meer. Kenner behaupten, der in der Ostsee gefangene sei der allerfeinste.

Da der Appetit auf sein ausgezeichnetes Fleisch größer ist als die relativ geringen Fangquoten, züchtet man den teuren Fisch seit kurzem auch in Marikulturen.

Unter günstigen Voraussetzungen kann er mehr als 20 Jahre alt und 1 m groß werden. Meist kommt er aber mit einer Größe von 45–50 cm in den Handel und wiegt dann 1–3 kg.

Thunfisch

Lat.: *Thunnidae* **D:** *Thunfisch* **GB:** *Tuna* **F:** *Thon* **I:** *Tonno* **E:** *Atún*
Nährwerte pro 100 g: kcal: 147 **kJ:** 620 **Eiweiß:** 23,5 g **Fett:** 8,5 g **Jod:** 50 µg
Omega-3-Fettsäuren: 1,4 g

Tilapia

Lat.: *Oreochromis spp., Tilapia spp.* **D:** *Tilapia* **GB:** *Tilapia* **F:** *Tilapia* **I:** *Tilapia* **E:** *Tilapia*
Nährwerte pro 100 g: kcal: 93 **kJ:** 390 **Eiweiß:** 19,5 g **Fett:** 1 g

Thunfisch. ***Viele Mythen ranken sich um diesen kraftvollen Meeresbewohner. So soll der Dreizack des Meeresgottes Poseidon ein Thunfisch-Fanggerät gewesen sein.***
Die Familie der Thunfische ist weltweit mit einer großen Artenvielfalt in den Meeren der gemäßigten und tropischen Zone vertreten. Zu den häufigsten Vertretern zählen der Echte Bonito, auch Skipjack genannt, sowie der Gelbflossenthun. Seltener ist der Weiße Thun, der für sein helles, besonders delikates Fleisch bekannt ist. Je nach Art erreichen Thunfische Größen zwischen 70 und 300 cm und Gewichte zwischen 5 und 300 kg. Die torpedoförmigen, ausgesprochen kraftvollen, schnellen Räuber legen auf ihren Wanderungen Tausende von Kilometern zurück.
Ihr rotes, festes Fleisch ähnelt im Geschmack dem Kalbfleisch und steht in Deutschland ganz oben auf der Genießerliste. Außerdem enthält es reichlich gesunde Omega-3-Fettsäuren – gut für unseren Blutfettspiegel! Als Frisch- oder Tiefkühlprodukt wird es meist gegrillt, gebraten oder geräuchert. Unschlagbar ist es aber in Öl als vielseitige Thunfisch-Konserve!

Tilapia. ***Experten bezeichnen diesen Buntbarsch als kommenden „Fisch des Jahrtausends"!***
Dieser „Exot" ist mit etwa 1.000 Arten in den Gewässern der tropischen und subtropischen Gebiete von Afrika, Madagaskar, Südamerika und Asien beheimatet. Durch natürliche und züchterische Kreuzungen tritt er in unterschiedlichsten Körperformen – von hechtförmig bis scheibenförmig – und vielen Farbtönungen auf. Der Tilapia wird auf der ganzen Welt mit wachsender Begeisterung genossen. Auch in Europa setzt er sich langsam aber sicher durch.
Sein weiches, süßliches Fleisch eignet sich besonders für exotische Zubereitungen, kann gebraten, gegrillt und gedünstet werden. In der Marikultur gehören die robusten Tilapia aus der großen Buntbarschfamilie zu den erfolgreichsten Zuchtfischen der letzten Jahrzehnte, zumal sie auch mit überwiegend pflanzlichem Futter gedeihen.

Tintenfische

Lat.: *Loliginidae, Ommastrephidae* **D:** *Tintenfisch, Kalmar* **GB:** *Squid* **F:** *Calmar* **I:** *Calmaro* **E:** *Calamar*
Nährwerte pro 100 g: kcal: 73 **kJ:** 307 **Eiweiß:** 16,1 g **Fett:** 0,9 g

Wittling/Merlan

Lat.: *Merlangius merlangus* **D:** *Wittling* **GB:** *Whiting* **F:** *Merlan* **I:** *Merlano* **E:** *Merlán*
Nährwerte pro 100 g: kcal: 72 **kJ:** 302 **Eiweiß:** 17,9 g **Fett:** 0,1 g

Tintenfische. ***Sie sind hochentwickelt, turboschnell und werden – je nach Art – bis zu 17 m lang!***
Seit Jahrmillionen bevölkern diese räuberischen Weichtiere alle Meere der Welt. Charakteristisch sind die mit Saugnäpfen ausgestatteten Fangarme am Kopf und der mantelartige Rumpf mit dem „Tintensack". Grundsätzlich unterscheidet man drei Gruppen: *Kalmare*, zehn Fangarme (inklusive zwei Tentakeln), schlanker, 20–40 cm langer Mantel, hinten beidseitig mit dreieckiger Flosse. *Sepien*, zwei lange Fangarme und acht kurze Mund-Arme, ovaler, 30–50 cm langer Mantel mit Flossensaum. *Oktopus*, acht Fangarme, rundlicher, sackförmiger Rumpf, 40–300 cm lang. In der Tiefsee gibt es sogar Arten mit Abmessungen bis zu 17 m. Der Bedarf an Tintenfischen, besonders an Kalmaren, steigt weltweit enorm an, da sie als Bestandteile von Fertiggerichten und asiatischer Kost im Trend liegen. In Deutschland werden sie meist tiefgefroren oder als Convenience-Produkte angeboten, zum Beispiel in Form von Ringen oder Tuben, aber auch in Konserven und Salaten. Gebraten, gegrillt oder frittiert ist ihr bissfestes Fleisch ein schneller, eiweißreicher Leckerbissen.

Wittling/Merlan. ***Bei uns in Deutschland noch wenig bekannt, aber in England und Frankreich ein echter „Renner"!***
Der Wittling kommt in allen europäischen Meeren und im Nordatlantik vor. Er misst selten mehr als 40 cm, maximal 70 cm, ist also eher ein kleiner Vertreter der großen Dorschfamilie.
Als Speisefisch hat er aber viel zu bieten: Sein delikates, wunderbar zartes, weißes Fleisch ist mager und daher sehr bekömmlich. Gebraten oder kurz in Butter gebacken lässt sich daraus ein köstliches Mahl bereiten. Bei uns in Deutschland gilt der relativ preiswerte Fisch noch als Geheimtipp für Genießer.
Ob als ganzer Frischfisch, filettiert oder herzhaft geräuchert – probieren sollte man ihn auf jeden Fall!

Wolfsbarsch

Lat.: *Dicentrarchus labrax* **D:** *Wolfsbarsch* **GB:** *Bass* **F:** *Bar commun* **I:** *Spigola* **E:** *Lubina*
Nährwerte pro 100 g: kcal: ca. 99 **kJ:** ca. 415 **Eiweiß:** 19,3 g **Fett:** 2,5 g

Aal

Lat.: *Anguilla anguilla* **D:** *Aal* **GB:** *Eel* **F:** *Anguille* **I:** *Angulla* **E:** *Anguila*
Nährwerte pro 100 g: kcal: 281 **kJ:** 1174 **Eiweiß:** 15 g **Fett:** 24,5 g

Wolfsbarsch. ***Ein Edelfisch der Luxusklasse, den man so „pur" wie möglich zubereiten sollte.***

Beim Wolfsbarsch geraten Kenner ins Schwärmen! Damit nichts verloren geht von seinem feinen, milden Eigengeschmack genießen sie ihn am liebsten als ganzen Fisch in der Haut auf Dampf gegart oder in einer Salzkruste gebacken.

Die Reviere des gefräßigen Raubfisches liegen hauptsächlich südlich der Britischen Inseln. Da Wildfänge nur eine unbedeutende Rolle spielen, kommt der Großteil der in Europa angebotenen Wolfsbarsche allerdings aus Marikulturen der Mittelmeerländer.

Bei einer Länge von bis zu 80 cm werden diese eleganten Fische etwa 5–7 kg schwer. Im Geschäft bekommt man meist die kleinere Ausführung mit 1 kg Körpergewicht. Auffällig ist der schwarze Fleck auf ihren Kiemendeckeln.

Aal. ***Der große Wanderer: 3 Jahre dauert die Reise von seinem Geburtsort, der Sargassosee, bis zu den europäischen Küsten und Binnengewässern.***

Wanderungen und Wandlungen bestimmen das Leben der schlangenförmigen Aale. Mit dem Golfstrom treiben die Larven über den Atlantik bis nach Europa. Kurz vor ihrer Ankunft verwandeln sie sich in durchsichtige, circa 7 cm lange Glasaale. Dann beginnt der Aufstieg in die Flüsse und Seen. Dort entwickeln sie sich zu Gelbaalen, später zu Blankaalen mit glänzend dunklem Rücken und heller Unterseite.

Sind die Aale nach vier bis zehn Jahren geschlechtsreif, treten sie ihre Heimreise zu den Laichplätzen in der Sargassosee an, notfalls sogar streckenweise über Land. Als „Proviant" dienen große Fettreserven, die bis zu 25 Prozent des Körpergewichts ausmachen. Männliche Aale werden bis zu 60 cm, weibliche bis zu 150 cm lang und bis zu 6 kg schwer. Der in Deutschland gehandelte Aal stammt zunehmend aus Aquakulturen.

Er wird zum größten Teil geräuchert, ist aber auch „in Aspik" oder als Brataal eine Delikatesse. Sein Fleisch ist fest, wohlschmeckend und grätenfrei.

Flusskrebs

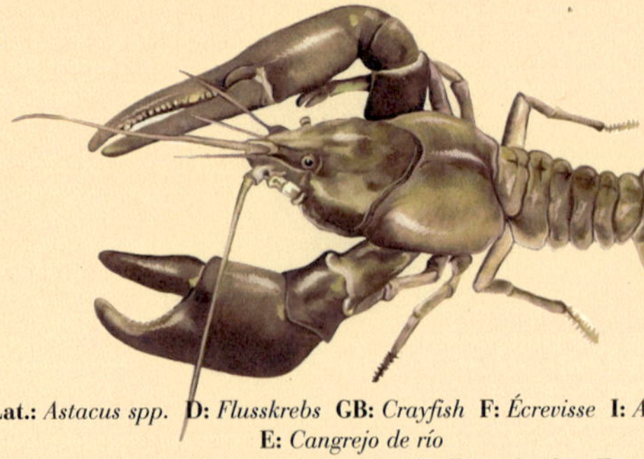

Lat.: *Astacus spp.* **D:** *Flusskrebs* **GB:** *Crayfish* **F:** *Écrevisse* **I:** *Astacidi* **E:** *Cangrejo de río*
Nährwerte pro 100 g: kcal: 64 **kJ:** 269 **Eiweiß:** 15 g **Fett:** 0,5 g

Forelle

Lat.: *Oncorhynchus mykiss.* **D:** *Regenbogenforelle* **GB:** *Rainbow trout* **F:** *Truite arc-en-ciel* **I:** *Trota iridea* **E:** *Trucha arco iris*
Nährwerte pro 100 g: kcal: 103 **kJ:** 433 **Eiweiß:** 19,5 g **Fett:** 2,7 g

Flusskrebs. ***Verblüffend: Geht dem Flusskrebs mal eines seiner zehn Beine verloren, wächst es schon bei der nächsten Häutung wieder nach!***
Mehr als 300 Flusskrebs-Arten tummeln sich in den Süßgewässern der Welt. Der früher in Deutschland stark verbreitete Edelkrebs (12–15 cm groß, bis 140 g schwer) kommt heute allerdings nur noch in geringen Mengen in Süddeutschland vor. Stattdessen wird der Galizierkrebs (11–14 cm groß, bis 200 g schwer) aus dem Iran, der Türkei und China importiert. Oder der vorzügliche Signalkrebs, der vor allem in England gezüchtet wird. Letzterer fällt durch seine weißen bis blaugrünen Streifen an den Scherengelenken auf. Flusskrebse sind mit den Langusten verwandt. Sie leben am Grunde klarer Bäche, Flüsse und Seen, wo sie sich von Kleintieren und Wasserpflanzen ernähren. Ihre schlanken Scherenpaare dienen dabei als perfekte Greifwerkzeuge.
Die Fangsaison geht von Juni bis Dezember. Lebende Tiere, im Ganzen frisch gekocht, stehen bei Feinschmeckern hoch im Kurs. Krebsfleisch gibt es aber auch tiefgekühlt, in Lake und Gelee oder als Konserve.

Forelle. ***Die Nummer eins in Europas Süßwasserzuchten! Allein aus deutschen Teichen kommen 25.000 Tonnen Regenbogenforellen pro Jahr.***
Es gibt See-, Bach- und Regenbogenforellen, ein begehrter Fang für Angler. Am häufigsten werden bei uns jedoch die robusteren, ursprünglich aus Nordamerika stammenden Regenbogenforellen angeboten. Die meist in Teichen gezüchteten Fische erreichen eine Länge von bis zu 70 cm und ein Gewicht von 7 kg, handelsüblich sind Exemplare von 300–500 g.
Ihr mageres, grätenarmes Fleisch ist hell, zart und fein im Geschmack. Besonders lecker schmecken Forellen „blau“ gegart, gebraten oder frisch geräuchert. Aber auch gedünstet, gegrillt und gebacken zergehen sie auf der Zunge. Unter „Lachsforellen“ versteht man übrigens Fische, deren Fleisch durch die Ernährung mit Bachflohkrebsen oder entsprechendes Futter eine rötliche Färbung angenommen hat.

Hecht

Lat.: *Esox lucius* **D:** *Hecht* **GB:** *Pike* **F:** *Brochet* **I:** *Luccio* **E:** *Lucio*
Nährwerte pro 100 g: kcal: 81 **kJ:** 344 **Eiweiß:** 18,4 g **Fett:** 0,85 g

Karpfen

Lat.: *Cyprinus carpio* **D:** *Karpfen* **GB:** *Carp* **F:** *Carpe* **I:** *Carpa* **E:** *Carpa*
Nährwerte pro 100 g: kcal: 115 **kJ:** 484 **Eiweiß:** 18 g **Fett:** 4,8 g

Hecht. ***Er verschlingt alles, was ihm zwischen die messerscharfen Zähne kommt – sogar die eigenen Artgenossen!***
Für viele Freunde guter Fischgerichte ist der Hecht die Krönung des Geschmacks. Allerdings sind seine Gräten besonders fest im Fleisch verankert. Deshalb wird es häufig in Form von Filets und Fischfarce-Produkten wie „Hechtklößchen“ angeboten.
Beim ganzen Fisch kann man das aromatische, aber leicht trockene Fleisch durch Dünsten oder beim Braten durch Spicken mit Speck saftig halten.
Hechte werden in fließenden Gewässern und Binnenseen in ganz Europa, Asien und Nordamerika gefangen. Die Einjährigen nennt man auch „Grashechte“. Ausgewachsen erreichen Männchen eine Länge von 1 m, Weibchen von 1,5 m und werden bis zu 25 kg schwer.
Tipp: Besonders zart sind Hechte im Alter von etwa zwei Jahren mit einem Gewicht um 2 kg.

Karpfen. ***Anspruchslos, robust und richtig lecker: Weltweit ist der Karpfen der wichtigste Fisch für Teichwirtschaften!***
Karpfen gehört zu unseren traditionellen Weihnachts- und Silvester-Festessen. Auf dem Markt ist er allerdings schon von Mitte September bis Mitte April. Danach ist Schonzeit für diesen delikaten Fisch. Er wird fast ausschließlich frisch, beziehungsweise lebend angeboten, damit sein wertvolles Fleisch nicht an Qualität verliert. Meist wird es „blau“ gegart oder im Ofen gebacken. Unser Tipp: Frisch geräucherter Karpfen mit Sahnemeerrettich! Ursprünglich war der Urahne des hiesigen Karpfens in den Süßgewässern von Südosteuropa bis China beheimatet.
Heute ist er als Teichfisch fast weltweit verbreitet. Die bei uns angebotenen Karpfen stammen größtenteils aus deutschen Zuchten. Es handelt sich dabei überwiegend um Spiegelkarpfen mit wenigen, unregelmäßig verteilten, größeren Schuppen. Daneben gibt es noch Schuppenkarpfen, Zeilkarpfen und Nacktkarpfen. Am besten schmecken Karpfen bei einer Größe von 30–40 cm und 1,2–2,5 kg Gewicht.

Lachs

Lat.: *Salmo salar* **D:** *Lachs, Atlantischer Lachs* **GB:** *Atlantic salmon* **F:** *Saumon atlantique* **I:** *Salmone atlantico* **E:** *Salmón*
Nährwerte pro 100 g: kcal: 215 **kJ:** 907 **Eiweiß:** 19,9 g **Fett:** 13,6 g **Omega-3-Fettsäuren:** 1,25 g

Victoriasee-Barsch

Lat.: *Lates niloticus* **D:** *Victoriasee-Barsch* **GB:** *Nile perch* **F:** *Perche du Nil* **I:** *Persico del Nilo* **E:** *Perca del Nilo*
Nährwerte pro 100 g: kcal: 93 **kJ:** 389 **Eiweiß:** 19,1 g **Fett:** 1,8 g

Lachs. ***Zum Ablaichen kehrt der Lachs immer wieder in seinen Geburtsfluss zurück – auch, wenn er dafür Tausende von Kilometern zurücklegen muss!***
Wildlachse werden als Süßwasserfische in Flüssen geboren, wandern dann aber ins Salzwasser der Meere ab. Sie bevölkern die Küsten des Atlantiks, des Pazifiks sowie der Nord- und Ostsee. Die Größten messen bis zu 1,5 m Länge und 35 kg Gewicht!
Der Atlantische Lachs kommt heute größtenteils aus Marikulturen in Norwegen, Chile, Schottland und Irland. Nur so kann der Handel dem wachsenden Appetit auf diese Edelspeise gerecht werden. Als „Wildlachs" wird bei uns vor allem der pazifische Lachs (Arten der Gattung *Oncorhynchus*) angeboten. Die „lachsrote" Fleischfarbe wird durch Beutetiere, zum Beispiel Garnelen, hervorgerufen, in Zuchtanlagen auch durch spezielle Futterkomponenten. Graved-Lachs oder der zu Kaviar verarbeitete Rogen gehören zu den beliebtesten Vorspeisen. Frischer Lachs in Scheiben oder als Filet sind Delikatessen, die sich ideal zum Grillen, Braten, Dünsten in Folie oder Kochen im Beutel eignen. Sie sind reich an wertvollen Omega-3-Fettsäuren.

Victoriasee-Barsch. ***Dieser Speisefisch aus dem Victoriasee in Afrika ist ein Newcomer auf dem deutschen Fischmarkt.***
Seine Heimat sind die großen Stromsysteme und Seen in Nordafrika und Südarabien. Speziell im Nil gibt es starke Wildbestände, daher auch der Name „Nilbarsch". Im Victoriasee wurde der gefräßige und schnellwüchsige Raubfisch Mitte der 50er Jahre künstlich angesiedelt. Hier hat er sich infolge der günstigen Lebensbedingungen so erfolgreich vermehrt, dass er inzwischen das gesamte Ökosystem des Sees beherrscht.
Victoriasee-Barsche sind außerordentlich fruchtbar und können bis zu 2 m groß und 100 kg schwer werden. Als hervorragende Speisefische haben sie sich dauerhaft in unserem Sortiment etabliert.
Neben dem ganzen Frischfisch sind besonders die frischen oder tiefgekühlten, fast grätenfreien Filets sehr gefragt. Das Fleisch ist weiß bis leicht rötlich, zart, saftig und fest im Biss. Toll für kreative Köche: Es lässt sich in fast allen Varianten zubereiten!

Wels

Lat.: *Clarias gariepinus* **D:** *Wels, Afrikanischer Wels* **GB:** *Air-breathing catfish* **F:** *clarias* **E:** *clarias*
Nährwerte pro 100 g: kcal: 163 **kJ:** 678 **Eiweiß:** 15,3 g **Fett:** 11,3 g

Zander

Lat.: *Stizostedion lucioperca* **D:** *Zander* **GB:** *Pike-perch* **F:** *Sandre* **I:** *Luccioperca* **E:** *Lucioperca*
Nährwerte pro 100 g: kcal: 90 **kJ:** 382 **Eiweiß:** 19,2 g **Fett:** 0,7 g

Wels. ***Die große Familie der Welse ist mit vielen unterschiedlichen Arten und Namen auf unserer Speisekarte zu finden.***
Wels/Waller ist der landläufig bekannteste Vertreter. Mit einer Größe von bis zu 3 m und einem Gewicht von bis zu 200 kg ist er ein echtes Prachtexemplar und – in freier Natur gefangen – eine Herausforderung für jeden Angler.
Der am Boden lebende Raubfisch hält sich gern in großen schlammigen Seen und Flüssen auf, aber auch in der Ostsee und im Schwarzen Meer.
Angeboten wird er im Ganzen, filetiert, frisch, gesalzen und geräuchert. Sein Fleisch ist grätenfrei, fest und weiß und hat einen feinen, milden Geschmack.
Bei uns im Handel bekommt man vor allem den Afrikanischen Wels. Er wird zum Beispiel in Holland erfolgreich gezüchtet und hat ein eher rötliches, nussartiges Fleisch. Eine weitere Welsart, die angeboten wird, ist der Amerikanische Wels, der ebenfalls aus Aquakultur stammt.

Zander. ***Dieser delikate Süßwasserfisch taucht immer öfter auf den Speisekarten der Nobelrestaurants auf.***
Das zarte, weiße Zanderfleisch gehört zum Besten, was uns das Süßwasser zu bieten hat. Sein aromatischer Geschmack kommt besonders gut pochiert, in Butter gebraten und mit feinen Soßen serviert zur Geltung.
Im Handel wird der Zander frisch, ganz oder als Filet angeboten – zunehmend auch gefrostet. Der pfeilschnelle Raubfisch lebt in den Flüssen und Seen Nord-, Ost- und Mitteleuropas sowie in salzarmen Regionen (Bodden) der Ostsee. Auch Teichwirtschaften züchten diese Barschart, die rein äußerlich Ähnlichkeit mit dem Hecht hat, seit vielen Jahren mit Erfolg. Zander werden zwischen 40 und 130 cm groß und bis zu 10 kg schwer.

Fisch glossar

Überfischung - was heißt das konkret? Von „Überfischung" spricht man, wenn ein Fischbestand soweit dezimiert ist, dass er weniger Erträge liefert, als er könnte, und am Ende die Erträge der Fischerei so gering werden, dass sich eine Nutzung nicht mehr lohnt.

Welche Fische gelten als mager, mittelfett oder fett? Fische mit einem Fettgehalt im Muskelanteil von unter einem Prozent bezeichnet man als Magerfische (wie Kabeljau, Schellfisch, Seelachs). Bei einem Fettgehalt von ein bis zehn Prozent spricht man von mittelfetten Fischen (zum Beispiel Rotbarsch, Seehecht, Thunfisch). Fette Fische haben einen Fettgehalt von mehr als zehn Prozent (zum Beispiel Hering, Makrele). Mit dem Anteil an Fischfett steigt auch der Gehalt an wertvollen, mehrfach ungesättigten Fettsäuren. Und die haben einen ausgesprochen positiven Einfluss auf unsere Gesundheit – zum Beispiel auf Herz und Gefäße, chronisch entzündliche Erkrankungen wie Rheuma, Schuppenflechte und Neurodermitis (siehe Kapitel „Fischtrends", Seite 8/9).

Welche Arten gehören zur Gattung der Krebstiere und welche zu den Weichtieren? Krebstiere gehören zur Klasse der Crustacea. Hierzu zählen die Garnelen ebenso wie Langusten, Hummer und Flusskrebse. Früher wurde diese Gruppe auch als Krustentiere bezeichnet. Zur Familie der wirbellosen Weichtiere – lateinisch *Molluska* – gehören zum Beispiel Muscheln, Schnecken und Tintenfische.

Was sind Süßwasserfische, was Seefische/Salzwasserfische? Süßwasserfische stammen aus Binnengewässern wie Seen, Teichen, Flüssen und Bächen. Als Süßwasserfische gelten außerdem solche, die sich zeitweilig im Meer aufhalten, wie Lachs, Forelle, Aal, Stint und Stör. Seefische/Salzwasserfische leben ausschließlich in salzhaltigen Meeren.

Gehören Shrimps, Gambas & Co. auch zu den Garnelen? Ja. Es gibt mehr als 2.000 unterschiedliche Garnelenarten, die je nach Lebensraum in Warm- oder Kaltwassergarnelen, Meeres-, Süßwasser- oder Brackwasser-Garnelen unterschieden werden. Dann gibt es noch die länder- und größenspezifischen Bezeichnungen. Shrimps ist der englische Begriff für kleinere, Prawns für große Garnelen (Riesengarnelen). Gambas nennt man in Spanien verschiedene Garnelen. Scampo (Mehrzahl: Scampi) ist die italienische Bezeichnung für Kaisergranat, der allerdings zur Hummer-Familie gehört. Die Franzosen nennen fast alle Garnelen Crevetten. Unter Eismeer-, Tiefsee- oder Grönland-Garnele versteht man eine Garnelenart, die vor allem in den kalten nördlichen Meeren vorkommt. Größte Garnele im Krebstier-Angebot ist die „Tiger Prawn" oder „Black

Tiger". Sie wird im Indischen Ozean und West-Pazifik gefischt oder gefarmt.

Was ist der Unterschied zwischen Kalt- und Heißräucherung? Bei der Kalträucherung wird der Fisch nicht über 30 °C erhitzt. Da bei dieser Temperatur kein Garprozess stattfindet, werden hierfür vor allem Fische verwendet, die durch Salzung ausreichend konserviert wurden (wie Lachs-Partyseiten). Kaltgeräuchertes Fischfleisch behält seine feste Konsistenz. Beim Heißräuchern entstehen Temperaturen von über 60 °C. Der Fisch wird also richtig gegart (wie Stremel-Lachs, geräucherte Forelle, Bückling, Makrele).

Welches Stück vom Fisch(filet) enthält die wenigsten Gräten? Das Schwanzende. Störende Stützgräten im Kopfteil der Filets können jedoch vom Fischhändler entfernt werden.

Was bedeutet „neuer Matjes"? Ausreichend fette Heringe (mindestens zwölf Prozent Fett) für die Herstellung von Matjes werden nur in der Zeit von Juni bis Ende Juli gefangen. Wenn diese Fangzeit beginnt und die ersten Matjes der Saison auf den Markt kommen, spricht man von „neuen Matjes".

Was ist der Unterschied zwischen „Matjes" und „Heringsfilet nach Matjesart"? Beim „echten" Matjes wird die Reifung durch natürliche Enzyme aus der Bauchspeicheldrüse des Fisches in Gang gesetzt. Beim Heringsfilet nach Matjesart werden für die Reifung sogenannte „Schnellreifer" zugesetzt.

Schmecken Kaltwassergarnelen anders als Warmwassergarnelen? Ja. Kaltwassergarnelen leben in tiefen und kalten Regionen, gedeihen daher langsamer und haben ein aromatisches, zartes, aber festes Fleisch. Warmwassergarnelen kommen aus warmen Gewässern. Sie wachsen schneller und werden größer, sind aber weniger aromatisch.

Was ist Surimi? Surimi ist eine Fischzubereitung, die aus zerkleinertem Fisch-Muskelfleisch, meist Alaska-Seelachs, besteht. Die Masse wird speziell bearbeitet, mit Würz- und Farbstoffen versetzt und anschließend in beliebige Formen gepresst. Häufig haben die Produkte eine rot gefärbte Oberfläche.

Woraus kann ich einen Fischfond selbst herstellen? Am besten aus Karkassen (Skelett, Gräten) von eher mageren Fischen wie Kabeljau, Schellfisch, Rotbarsch oder auch Schollen. Fette Fische wie etwa Lachs sind weniger gut geeignet.

Sollten Schwangere auf bestimmte Fische oder Fischprodukte verzichten? Generell empfehlen Mediziner auch für Schwangere ein bis zwei Fischmahlzeiten pro Woche. Allerdings sollten sie auf den Verzehr von rohem, nicht erhitztem Fisch verzichten, da er – wie alle tierischen Rohprodukte – Krankheitskeime übertragen könnte. Das gilt auch für kaltgeräucherte Fischprodukte.

Ist roher Fisch gesünder als gegarter Fisch? Nein, denn das hochwertige Eiweiß und wertvolle Fischfett werden durch den Garprozess kaum beeinflusst. Roher Fisch, in Form von Sushi oder Tartar, sollte vor dem Verzehr bereits tiefgefroren worden sein, damit eventuell vorhandene Parasiten sicher abgetötet sind.

Wie wichtig ist das Jod im Seefisch? Seefisch ist das einzige Lebensmittel, das Jod in höherer Konzentration enthält. Der Körper braucht diesen Mineralstoff für die Funktion der Schilddrüse, deren Hormone den Stoffwechsel ankurbeln.
Jodmangel führt zur Erkrankung der Schilddrüse, ein Kropf kann entstehen. Um den Jodbedarf zu decken, empfehlen Experten, mindestens zweimal pro Woche Seefisch zu essen.

Kann der Hering den „Kater" verscheuchen? Ja, das sogenannte „Kater-Frühstück" mit saurem Hering, Rollmops, Heringssalat oder anderen Heringszubereitungen wirkt nach durchzechter Nacht tatsächlich Wunder!
Alkohol entzieht dem Körper wichtige Vitalstoffe. Die Folge: Übelkeit und Kopfschmerzen. Seefisch, insbesondere Hering, enthält alle Mineralien, Spurenelemente und Vitamine, nach denen der Organismus jetzt hungert. Außerdem Eiweiße, die dem Magen gut tun und die Verdauungssäfte anregen.
Diese Inhaltsstoffe werden vom Körper sofort verarbeitet und wirksam umgesetzt. Innerhalb kurzer Zeit ist der „Kater" verschwunden.

Impressum:

Herausgeber:
Fisch-Informationszentrum e.V.
Große Elbstraße 133 · 22767 Hamburg
Telefon 040/389 25 97
Fax 040/389 85 54
www.fischinfo.de

Konzeption/Gestaltung/Produktion:
GITSCHEL HPA, Gesellschaft für
Werbung und Öffentlichkeitsarbeit mbH
Arndtstraße 18-20 · 22085 Hamburg
Telefon 040/220 15 66
Fax 040/220 15 69
www.gitschel-hpa.de

Produktion:
Litho: Steeg Digitaltechnik
Druck: Sigma Druck + Design GmbH
www.sigma-druck.de

1. Auflage 300.000 in 2003
2. Auflage 100.000 in 2003

Bildnachweis:
BFA (Seiten 12, 22, 23, 24, 27) · M. Bitter (Seiten 14/15, 48-67) · Bosma (Seite 35) · FIZ (Seiten 32, 33, 40) · Gitschel HPA (Seiten 4/5, 11) · B. Nesbeda (Seite 6) · Nordsee, Brauns/Lewin (Seite 8) · Norwegen Fisch (Seiten 16, 19, 22, 23, 31) · Ocean Food (Seite 13) · Frozen Fisch International (Seiten 12, 13) · M. Steinkamp (Seiten Titel, 5, 6, 7, 10, 11, 13, 17, 29) · K. Stemmler (Seiten 2, 7, 9, 28, 31, 32, 33) · N. Weidemann (Seiten 8, 20/21, 36, 37, 38, 40, 43, 44, 46/47).